Du néant à la physique

Richard Wojnarowski

Du néant à la physique

Nouvelle édition, 2017

*Contre Damon,
pour qui un chat est un chat*

Pour Isabelle,

Je veux que l'homme cherche et que l'homme trouve : je suis fait pour ça. Mais je lui refuse la certitude. Et lui-même participe de cet inconnaissable que je suis.

Albert Camus,
Orgueil, Ecrits posthumes

Aucune science ne leur donnera du pain, tant qu'ils demeureront libres, mais ils finiront par la déposer à nos pieds, cette liberté, en disant : « Réduisez-nous plutôt en servitude, mais nourrissez-nous. » Ils comprendront enfin que la liberté est inconciliable avec le pain de la terre à discrétion, parce que jamais, jamais ils ne sauront le répartir entre eux !

Fiodor Dostoïevski,
Les Frères Karamazov

Avertissement

A l'origine, cet opuscule n'a pas été écrit pour être lu, mais pour permettre à l'auteur d'essayer d'éclaircir ses propres idées.

C'est pourquoi sa présentation n'est ni académique, ni pédagogique, ni rien du tout. Les considérations qu'il développe n'ont d'ailleurs aucune utilité.

Bien entendu, son contenu n'est pas exempt d'erreurs, dont certaines sembleront peut-être grossières aux yeux des spécialistes. Sans doute les choses ne sont-elles pas toujours bien nommées et plus d'un passage, en dépit des efforts du rédacteur, en paraîtra obscur, voire abscons parce que celui-ci ne comprend pas bien lui-même ce qu'il explique ou ne parvient pas à expliquer ce qu'il comprend. Ce qui se conçoit bien ne s'énonce pas toujours clairement.

L'auteur n'est ni écrivain, ni enseignant, ni chercheur scientifique, et encore moins philosophe. Il a puisé sa science dans ce qu'il a retenu de l'enseignement de ses professeurs et de la lecture de quelques ouvrages, notamment celui de Roger Penrose : « The road to reality » paru en 2007 dans sa version française sous le titre « A la découverte des lois de l'univers ».

Il a tenté d'éclairer cette science par ce qu'il a compris de la philosophie sartrienne et s'est beaucoup appuyé, pour ce faire, sur « L'être et le néant » dont on reconnaîtra l'ombre portée tout au long de ces pages.

Peut-être certains lecteurs trouveront-ils matière à doute, sinon à intérêt, à cette mise en perspective à partir du néant, aux antipodes d'un « discours de la méthode » cartésien ?

L'être est

L'être est.

Son être, c'est sa modalité d'être, rien de plus ni de moins.

Il n'y a rien « derrière » l'être.

L'être naît de la négation

L'être naît de la *négation*, acte humain, transcendant et inexplicable, consistant à nier le « rien » et à le transcender en « quelque chose », à nier le « quelque chose » et à le transcender en « rien ».

Le « rien » et le « quelque chose » sont corrélatifs : l'un fonde l'autre, ils se co-fondent.

L'être est contingent et nécessaire

L'être est à la fois *contingent* (n'importe quoi) et *nécessaire* (l'être a à être, ceci ou cela) : il vient à l'existence (naît) par la réalité humaine (l'homme dans le monde) qui le tire du néant, qui l'ex-iste par négation de ce néant.

$$\emptyset \to \{\emptyset\} = e^{\emptyset} = \emptyset$$
$$0 \to \{0\} = 1 = e^{0} \Leftrightarrow 0 = \log 1$$
$$\phi = \text{néant},\ 0 = \text{rien},\ 1 = \text{quelque chose}$$

L'être naît donc du néant, il est porté à l'existence (ex-isté) par un acte préréflexif, la négation : il résulte de la négation du néant.

Sa modalité d'être, c'est le « formant » dont il est le « formé » : son être, c'est d'être, rien de plus.

« Formant » et « formé » n'ont aucune autonomie : ils sont inséparables au sein d'une *monade* ou *forme,* ou *être.*

Mesure, temps et réflexivité

Pour « voir » (observer) l'être, il faut briser la monade qui le constitue (briser sa supersymétrie, son indiscernabilité) par l'acte de *mesure*, acte humain, préréflexif, transcendant le rien, inexplicable, appelé « réduction phénoménologique ».

La mesure *temporalise* l'être (entre deux mesures, il ne se passe rien : il y a suspension de « jaugement », de jugement). Le *temps* naît de la mesure ; entre deux mesures, seul s'écoule le temps continu de l'espace-temps de la physique, qui est un temps *mort*, dispersion entropique. Le temps vivant (celui de la réduction de la fonction d'onde) est discontinu : il a la puissance du dénombrable. Il ne peut y avoir deux mesures simultanées car la mesure est temporalisation, la mesure *fait* le temps *vivant* : pas de mesure, pas de temps.

« Le vide et la monotonie allongent sans doute parfois l'instant ou l'heure et les rendent « ennuyeux », mais ils abrègent et accélèrent, jusqu'à presque les réduire à néant, les grandes et les plus grandes quantités de temps. Au contraire, un contenu riche et intéressant est sans doute capable d'abréger une heure, ou même une journée, mais compté en grand, il prête au cours du temps de l'ampleur,

du poids et de la solidité, de telle sorte que les années riches en évènements passent beaucoup plus lentement que ces années pauvres, vides et légères que le vent balaye et qui s'envolent. »

(Thomas Mann, La Montagne magique, Chapitre IV, Digression sur le temps, 1924)

Les « paradoxes », tels ceux de la « localité », trouvent leur source dans la dissociation du temps et de la mesure, dans la confusion du temps vivant, spontané, ressaisissement toujours recommencé et du temps mort cosmique, déployé en espace. Nous y reviendrons.

La mesure révèle l'être qui se « manifeste » (se phénoménalise) en se dédoublant par un jeu de miroir réflexif: l'être regardé et l'être regardant, le reflet et le reflétant, l'état et l'étant, le point de vue et la vue, le formant et le formé, le repère et le repéré. Ces deux termes duaux n'ont pas d'autonomie, ils se co-jugent (ils sont conjugués) dans l'acte de mesure qui est discrimination déterminante.

La mesure introduit donc une *structure réflexive* dans l'être, à l'origine de toute activité scientifique, de tout savoir. La réflexivité manifeste (révèle) l'être, mais en l'écartelant, en séparant l'inséparable monade : l'être vu par la science est un être dé-composé, c'est-à-dire « analysé », un être désintégré, au sens mathématique du terme, un être machinal.

L'espace de représentation

La mesure informe l'être par une réflexion qui caractérise le savoir : formant / formé, repère / repéré (ou encore champ / particule, hyperfonction / fonction, fonction / argument, épreuve / corps d'épreuve) : elle le rend *probable*. La réflexion est chosifiée par autonomisation de chacun de ses deux termes : par exemple une « vibration » mettant en jeu « quelque chose qui vibre » dans un « milieu vibrant » (l'« onde » qui ondoie dans l' « éther » des physiciens).

Les différents « formés » sont *synthétisés,* c'est-à-dire « posés ensemble », mis en présence, sur fond d'*espace de représentation* (lieu où peut se situer « quelque chose ») : la représentation *spatialise* l'être et est à l'origine du « il y a ».

Un espace particulier (engendré par un certain type de mesure, consistant à voir « ceci » et non « cela », autrement dit correspondant à une certaine vision du monde) est structuré par cette mesure, qui le dote d'une *métrique, à condition que la jauge ne soit pas nulle* ; cette structure est *unitaire* : elle assure la symétrie du « ceci » par rapport à cette mesure ; le « ceci » ou « forme » doit être préservé par la mesure : c'est l'invariant de la métrique. Mesurant et mesuré se co-définissent par l'intermédiaire de leur invariant, la *jauge.* La jauge permet l'invariance d'une vision du monde. Elle permet l'*unification.*

Aucun « invariant » n'est absolu, il est toujours relatif à la mesure dont il est l'invariant : il constitue l'*essence* du « ceci », forme particulière de l'être que la mesure préserve, permet de voir, d'observer. L'invariant n'est pas premier, il découle de l'acte de mesure et correspond à une vision particularisante et réductrice du monde, une vision différenciatrice d'*arbitraires* degrés de liberté.

L'être n'acquiert d'essence qu'à condition d'être mesuré, c'est-à-dire sorti du néant et porté à l'existence (ex-isté) par la réalité humaine : *l'existence précède l'essence et la conditionne*. Cette sortie du néant, ou ex-istence, est à l'origine de l'apparition et constitue le *phénomène*.

Il n'y a rien « derrière » le phénomène : le phénomène est simple révélation particularisante et réductrice de l'être par l'acte préréflexif et transcendant de *perception* conduisant à une *mesure temporalisante* associée à une *représentation spatialisante* de l'être ainsi *informé*. L'information de l'être est pure réflexivité formant/formé : formant et formé sont des corrélatifs, leur essence est la forme (l' « eidos » ou idée platonicienne).

L'acte de perception par lequel s'effectuent la mesure et la réduction phénoménologique qui l'accompagne (la décohérence ou réduction de la fonction d'onde des physiciens) précède la réflexion: il est préréflexif, inaccessible à la science *et la conditionne*.

Structure de l'espace de représentation

Un espace de représentation acquiert une structure d'*espace vectoriel euclidien complexe gradué* par l'intermédiaire de quatre « opérations »:

- L'*addition* (+) qui formalise la détotalisation de l'être, sa désagrégation (analyse) en une *collection dénombrable de formes*, et permet la synthèse, recomposition ou « superposition » de ces formes au sein de leur espace de représentation en dotant celui-ci d'une structure *fermée* de groupe. Le nombre de formes est appelé *dimension* de l'espace de représentation.

- Le *produit intérieur* (temporalisant) ou « scalaire » $\langle \bullet | \bullet \rangle$ qui permet la décomposition d'une forme en « formant » et « formé ». Le produit intérieur nécessite le choix d'une jauge temporelle scalaire *non nulle* et introduit une métrique dans l'espace qu'il dote d'une structure euclidienne hermitique (unitaire) locale.

- Le *produit extérieur* (spatialisant) ou « vectoriel » $|\bullet\rangle \wedge |\bullet\rangle$ qui permet la composition ou complexification de plusieurs formes élémentaires en une forme

« complexe » autonome au sein de laquelle les formes élémentaires ainsi composées ou complexifiées perdent leur autonomie et sont en cohérence, organisées, intriquées. Le produit extérieur nécessite le choix d'une jauge spatiale vectorielle *non nulle*, et dote l'espace d'une structure symplectique ou complexe (symétrique/antisymétrique ou paritaire) globale et graduée.

- Le *produit mixte* temporo spatialisant $\langle\langle\,|\bullet\rangle\wedge|\bullet\rangle\||\bullet\rangle\rangle$ associe le produit intérieur au produit extérieur en un *double jeu* de miroirs conjugués temporo-hermitiquement par i et spatialo-paritairement par ε. Il dote l'espace de représentation à la fois d'une *courbure*, correspondant à une structure métrique locale (hermitique) et d'une *torsion*, correspondant à une structure globale (complexe ou symplectique).

Ces quatre opérations peuvent se résumer en une seule : la *différenciation* des degrés de liberté correspondant à une vision du monde au moyen d'une jauge temporo-spatiale non nulle. Nous y reviendrons.

L'addition est commutative (indifférente à l'ordre de ses termes). La dimension d'un espace est un *cardinal*.

Les produits (intérieur et extérieur) ne sont pas commutatifs (ils dépendent de l'ordre de leurs termes) : ce sont des *ordinaux*. Ils sont anticommutatifs au moyen respectivement de la conjugaison temporelle hermitique (i) et de la conjugaison spatiale paritaire (ε) qui distinguent les formes *bosoniques* (symétrisées, paires, insensibles à l'inversion du temps, à l'origine de la causalité, des « lois immuables ») et leurs corrélatifs les formes *fermioniques* (antisymétrisées, impaires, sensibles à l'inversion du temps, à l'origine des « choses » qui obéissent à ces lois).

Le produit intérieur et le produit extérieur sont corrélatifs, reliés par une *relation de fermeture ou compacité*:

$$\langle|\varphi\rangle \wedge |\psi\rangle ||\varphi\rangle \wedge |\psi\rangle\rangle + \langle\varphi|\psi\rangle.\langle\psi|\varphi\rangle = \langle\varphi|\varphi\rangle.\langle\psi|\psi\rangle$$

Cette relation de base de l'analyse vectorielle correspond à la relation $ch^2 x - sh^2 x = 1$ de la trigonométrie ouverte (hyperbolique) et à la relation $cos^2 x + sin^2 x = 1$ de la trigonométrie classique, fermée (sphérique). Elle est à l'origine de la notion d'*angle*, qui exprime l'interdépendance des générateurs en cas de jauge non nulle (angle de Weinberg pour les générateurs de symétrie SU(2), angle de Cabiddo pour les générateurs de symétrie SU(3)). Nous y reviendrons.

Toute unification nécessite une relation de fermeture, mais laisse subsister un ouvert et un fermé corrélatifs *distincts* tant que la jauge n'est pas nulle. La relation de fermeture, vue de « l'intérieur » est $cos^2 x + sin^2 x = 1$ et $ch^2 x - sh^2 x = 1$ vue de « l'extérieur ».

L'intérieur et l'extérieur ne peuvent se confondre qu'à jauge nulle : l'un se différencie alors en lui-même, *il est néant*, l' « Un immobile » parménidien.

En résumé, l'être temporo-spatialisé, ex-isté du néant, est réfléchi par un double jeu de miroirs. A l'intersection de ces deux miroirs, lorsque temps et espace ne sont pas séparés, il n'a d'autre propriété que d'avoir un intérieur et un extérieur, c'est-à-dire d'être présent à lui-même : il est « soi pour-soi » (voir **annexe 1**). Cet être est représenté sur fond d'espace *supersymétrique*.

L'espace supersymétrique

Les espaces supersymétriques correspondent aux relations:
$$i^2 = \varepsilon^2 = 0 \quad \varepsilon.i = -i.\varepsilon$$

Ces espaces n'ont pas de tropisme (ils ne distinguent pas la « direction », ne connaissent pas l'angle). Ils sont dits « dégénérés ». Les opérations sur ces espaces de représentation supersymétriques sont régies par des *algèbres grassmanniennes* dans lesquelles les générateurs de rotation **γ** satisfont la relation d'anticommutation

$$\left[\gamma_a, \gamma_b\right]_+ = 0, \quad \gamma_a^2 = \gamma_b^2 = 0$$

Dans un espace supersymétrique les superformes bosoniques, bosons associés à des superpartenaires fermioniques appelés *bosinos*, et fermioniques, fermions associés à des superpartenaires bosoniques appelés *s(uper)-fermions*, correspondent à un formant qui est l' « extérieur » et un formé qui est l' « intérieur ». Il n'y a ni séparation temps-espace, local-global, courbure-torsion, masse-spin, boson-fermion, champ-particule.

Chaque état d'une forme supersymétrique correspond à une *charge* égale à $n(1 + i\varepsilon)$, le conjugué étant $n(1 - i\varepsilon)$. n est un nombre entier qui *quantifie* la forme et la rend *analytique.*

L'invariant de la forme est le produit de la charge par sa charge conjuguée, $n(1 + i\varepsilon).n(1 - i\varepsilon) = n^2$

Cet invariant des formes supersymétriques, proportionnel au carré de leur charge, est un scalaire correspondant au carré de l'*énergie.* Il résulte de la brisure de symétrie du néant Ø et de la conjugaison « vide/plein » ou encore « intérieur/extérieur » qui en est la conséquence. Il associe un *rayonnement sortant* d'énergie positive à un *rayonnement entrant* (ou anti-rayonnement) d'énergie négative. L'énergie positive correspond au *futur*, l'énergie négative au *passé*.

La conjugaison vide/plein est un avatar de la conjugaison originelle rien/quelque chose résultant de la brisure de symétrie (ou négation) du néant. Cette conjugaison est à l'origine du concept d'« énergie du vide », concept inexplicable et inaccessible à la science. De ce vide « sort », par brisure du rayonnement supersymétrique, la matière sous ses différentes formes. C'est la « fluctuation du vide » des physiciens.

Une telle fluctuation originelle d'un « champ scalaire primordial » couplant énergie et rayonnement ($e = h\nu$) est le résultat d'une manière de voir chosifiante (autonomisante) des deux termes de la monade vide/plein : le plein fluctue dans le vide et le vide est le milieu dans lequel fluctue le plein. Le vide est la modalité d'être du plein et vice-versa. Le plein est une superforme fermionique, dont le vide est la superforme bosonique conjuguée.

Lorsque l'être est présent non plus seulement à soi mais aussi à d'autres êtres, l'espace se sépare du temps : la supersymétrie de l'espace est brisée. L'être est à la fois pour-soi et pour-autrui (voir **annexe 1**). Il est représenté sur fond d'espace *symétrique*.

L'espace symétrique

Si la supersymétrie est rompue, l'espace devient simplement symétrique, avec :

$$\varepsilon^2 = +1 \quad i^2 = -1 \quad \varepsilon.i = i.\varepsilon$$

Les opérations sur ces espaces de représentation symétriques sont régies par des *algèbres cliffordiennes* dans lesquelles les générateurs de rotation **γ** satisfont la relation d'anticommutation

$$[\gamma_a, \gamma_b]_+ = -2\delta_{ab}, \quad \gamma_a^2 = \gamma_b^2 = -1$$

La dégénérescence de l'espace est levée et il est possible de distinguer les directions, les angles.

Les états des formes symétriques correspondent à des charges $\sqrt{\frac{\varepsilon n}{2}}(1+i)$ dont le conjugué est $\sqrt{\frac{\varepsilon n}{2}}(1-i)$

Leur invariant est ε*n* : il correspond à l'*énergie-masse* mais n'est pas commensurable avec la charge « symétrique » du fait de la présence de la racine carrée qui est un *irrationnel*.

D'où l'insurmontable difficulté de la physique fondamentale à unifier la physique des charges symétriques quantifiées (les « forces électriques » orientées : électromagnétique, électrofaible et électroforte) avec celle de l'énergie-masse (la « force de gravité » sans orientation) : cette difficulté rappelle celle à laquelle se heurtèrent les géomètres grecs découvrant le scandale de la racine carrée, irréductible à un nombre rationnel, et qu'ils appelèrent justement « irrationnel ».

La brisure de la supersymétrie fait apparaître une double conjugaison : la charge s'exprime sous les deux formes conjuguées

$$\varepsilon = 1 \Rightarrow \sqrt{\frac{n}{2}}(1+i) \text{ et } \sqrt{\frac{n}{2}}(1-i)$$

correspondant au rayonnement sortant, d'énergie positive

$$\varepsilon = -1 \Rightarrow \sqrt{\frac{n}{2}}\,(-1+i) \text{ et } \sqrt{\frac{n}{2}}\,(1+i)$$

correspondant au rayonnement entrant, d'énergie négative

Chacun des deux rayonnements « se brise » en matière et antimatière, l'une étant conjuguée de l'autre par l'intermédiaire de i ou ε: la brisure de la supersymétrie conduit à la séparation du temps et de l'espace et corrélativement à l' « apparition » de la matière qui se « découple » du rayonnement.

De même qu'il faut distinguer *deux* rayonnements, il faut distinguer *deux* couples de matière/antimatière : matière/antimatière « blanche » et matière/antimatière « noire » (voir **annexe 1**). La matière blanche est la matière du futur, la matière noire est la matière du passé. Elles sont inséparables, se co-fondent et se co-jugent (sont conjuguées).

Cela conduit à la relation d'invariance

$(C.P.T)^2 = 1$ (*et non simplement* $C.P.T = 1$)

dans laquelle **C** représente le signe de la charge, **P** la parité de la courbure de l'espace, et **T** le signe du temps.

L'édifice comporte donc *trois* niveaux *incommensurables* (ceux de la triade biblique *poids-nombre-mesure* ou de la succession hésiodique *Ouranos-Cronos-Zeus)* algébrisés par l'intermédiaire de 1, ε et i :

- niveau en n^2 de la super-masse,

- niveau en n de la masse,

- niveau en $\sqrt{n}$ de la charge « électrique »

séparant le tout en rayonnement, matière blanche et noire, matière et antimatière (voir **annexe 1**).

Il en résulte la nécessaire distinction entre deux espaces de représentation « chiralisés », d'orientation (indiquée par la « règle du bonhomme d'Ampère ») différente : un espace « gauche » pour la matière blanche (matière du futur) et un espace « droit » pour la matière noire (matière du passé). Ces deux espaces sont doubles miroirs l'un de l'autre : dans l'espace de référence de la matière blanche, nous avançons en regardant devant nous, dans l'espace de référence de la matière noire, nous avançons à reculons, ou « tout droit mais en regardant dans le rétroviseur ». La gravité est attractive dans l'un et répulsive dans l'autre. Ces deux espaces se déterminent l'un par l'autre, se co-définissent, leur essence (invariant) est le *carré* de l'énergie-masse, qui se brise en masse positive dans l'un et négative dans l'autre. La masse du futur est positive, la masse du passé est négative.

Oublier le caractère inséparable de la matière blanche du futur à masse positive et de la matière noire du passé à masse négative

- rend impossible tout bouclage du bilan énergétique de l'univers,
- amène à considérer la matière blanche (celle de l'univers de la physique classique) comme un absolu autonome équilibré en soi, alors qu'elle est corrélative de la matière noire et que l'équilibre doit être considéré au niveau de l'ensemble : « ce qu'il y a » ne peut se définir que par référence à « ce qu'il n'y a pas » et vice-versa,
- amène à considérer à tort que l'espace est ambidextre,
- entraîne certaines incompréhensions liées à l'inversion du temps.

Nous y reviendrons.

La brisure de la supersymétrie est fondamentalement distinction de la direction. Elle n'a aucune « cause » sinon l'acte humain gratuit qui l'institue par *création* arbitraire de degrés de liberté. L'en-soi devenu pour-soi par la première brisure de symétrie devient pour-soi et pour-autrui par la deuxième brisure de symétrie (voir **annexe 1**).

La brisure de la supersymétrie n'est pas temporo-spatialisée, mais au contraire *temporo-spatialisante* : elle sépare le temps de l'espace en entropisant l'espace-temps. Ce faisant, elle « crée » la masse, qui est « localisation » de l'inertie, corrélativement à un espace « isotrope » qui permet cette localisation : masse et espace isotrope se définissent l'un par l'autre, ils se co-fondent.

En résumé, une vision du monde temporo-spatialisée résulte de *trois* brisures de symétrie pré-réflexives, inaccessibles à la science :

- une brisure supersymétrique « énergisante » qui disloque le néant en rien/quelque chose, à l'origine de la supersymétrie S(0), distinguant le 0 du 1, associée à une cardinalité $\aleph_0$, correspondant à la puissance du dénombrable,

- une brisure symétrique temporalisante, qui dichotomise le tout en parties, à l'origine de la symétrie U(1), distinguant le 1 du 2, associée à une cardinalité $\aleph_1 = 2^{\aleph_0} = \mathcal{P}(\aleph_0) = \mathcal{C}$ correspondant à la puissance du continu (voir plus loin),

- une brisure symétrique spatialisante, qui divise le un en multiples, à l'origine des symétries SU(2) et SU(3), distinguant le 2 du 3, associée aux cardinalités $\aleph_S = 2^{\aleph_1} = \mathcal{P}(\aleph_1)$ (puissance du séparable) et $\aleph_g = 2^{\aleph_S} = \mathcal{P}(\aleph_S)$ (puissance du non séparable).

Ces quatre brisures de symétrie fondamentales écartèlent, *différencient* le néant en corrélatifs rien/quelque chose, tout/partie et un/multiple. Elles correspondent, dans la philosophie du penseur cachemirien médiéval Abhinavagupta, aux quatre degrés de la parole se déployant dans l'espace-temps : parole suprême de l'indifférencié atropique (soi en-soi), parole voyante à orientation indifférenciée de l'intention intuitionnelle (en-soi pour-soi), parole moyenne de la pensée discursive inexprimée (en-soi pour-soi et pour-autrui à jauge nulle), parole étalée manifestée dans le langage articulé (à jauge non nulle). Elles se reflètent dans le graphisme de la lettre A de l'alphabet devanāgarī

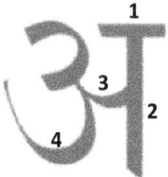

L'espace-temps qui en résulte permet la mesure qui est partition dénombrante ou dénombrement partitif *à condition que la jauge ne soit pas nulle*. Mais le néant est *à la fois* rien *et* quelque chose, tout *et* parties, un *et* multiple, inséparable et indivisible.

Par « décompression » de l'espace-temps, les formes « éternelles » de la supersymétrie se « dynamisent », acquièrent un « potentiel », des possibilités, peuvent se rencontrer, se transformer, autrement dit *interagir*. Elles deviennent « situées ». Nous y reviendrons.

Conséquences d'une jauge non nulle

La jauge est l'essence de la mesure, à l'origine du couple mesurant/mesuré, dont les deux termes sont conjugués (se co-jugent) : on ne peut définir indépendamment le mesuré et le mesurant, le signifié et le signifiant.

La jauge est arbitraire : son choix est libre, mais elle doit être non nulle pour être opératoire, c'est-à-dire actuelle et non seulement virtuelle, en puissance.

En effet, si une jauge nulle permet le respect de l'indépendance des générateurs correspondant aux degrés de liberté de la vision qui la sous-tend, elle ne permet pas la *compacité* et la *métrisation* des espaces de représentation: il ne peut y exister de points d'accumulation ou convergence et on aboutit à une *relation d'indétermination* pour les variables conjuguées, du type $\boldsymbol{a.b = 0}$.

Si l'on adopte une jauge non nulle, les variables conjuguées sont reliées par des *relations d'incertitude*, du type
$$\boldsymbol{a.b \geq 1}$$

Ces relations d'incertitude, à la base de la physique quantique, traduisent simplement le fait qu'il est impossible de transformer un espace plat en sphère, l'infini en fini, et vice-versa. Elles représentent le prix à payer pour pouvoir travailler en repère « orthogonal ». Elles transforment le point en pixel, sont à l'origine des « normalisations », des espaces hilbertiens et des matrices densité. Elles sont à la source de l'atomisme démocritéen alors qu'un être non « coupable » ne peut être jaugé qu'à l'aune d'une jauge nulle.

Cela entraîne de ce fait une cascade d'inconvénients pour les physiciens, tels que la limitation de la vitesse de la lumière, la restriction des espaces de représentation aux espaces normalisables (hilbertiens). Là se trouve l'origine des divergences (cauchemar des physiciens), des interférences, de l'épaisseur des raies spectrales, de l'aléa, des frottements, du chaos, des cônes de lumière, des trous noirs, de l'inséparabilité, conséquences de l'interdépendance des générateurs en cas de jauge non nulle.

Une jauge non nulle a pour conséquence inévitable d'introduire le « flou » dans toute opération de mesure et donc dans le savoir. La *théorie* (« ce qui est d'inspiration divine ») devient *modèle* (ce qui est « jaugeable »).

La science est placée devant le dilemme d'être exacte mais non mesurable, ou floue et mesurable. *Le certain n'est pas probable.* La mesure à jauge non nulle, qui vient par la réalité humaine, décompacifie, disloque l'être : elle est « de trop ». Elle est créatrice de trous, de déchirures, et doit masquer ces discontinuités ou singularités en les habillant par la censure cosmique. Nous y reviendrons.

Zénon d'Elée a exprimé cette cruelle alternative par ses fameux « paradoxes » de la flèche volante et de la course d'Achille et de la tortue.

Suite à la nécessaire adoption d'une jauge non nulle, *toutes* les « constantes fondamentales » de la physique sont en relation d'incertitude (symplectique) avec leurs conjuguées et aucune ne peut s'annuler. En particulier, la vitesse de la lumière ne peut être une constante absolue : elle est en relation symplectique avec la masse entraînant l'inégalité $m^2.c^4 \geq 1$. Cette inégalité est à l'origine de l'artifice d'« évaporation » des trous noirs par rayonnement. Les trous noirs, comme les arcs-en-ciel, sont des mirages qui apparaissent ou disparaissent selon l'angle sous lequel on *veut* les regarder (voir **annexe 2**).

Toute singularité, correspondant à l'égalité $\boldsymbol{a.b = 0}$, est revêtue d'un trou noir correspondant à l'inégalité $\boldsymbol{a.b \geq 1}$ qui la rend invisible. Cette « censure cosmique » est inaccessible à la science : elle traduit simplement le fait qu'on ne peut observer l'inobservable.

Le conjugué de l'énergie est la *durée*, quantifiant la temporalisation. La jauge originelle correspondant au couple durée/énergie est l'unité d'*action* (la constante de Planck **h**).

Le « temps zéro » ne peut exister en physique: dans ce cas l'énergie est infinie, ce qui interdit toute mesure ou détermination. C'est la raison fondamentale pour laquelle toute physique ne peut être qu' « approchée » et ne peut atteindre le « temps zéro ». La physique s'arrête au temps de Planck, seuil qui lui est infranchissable. Cela vaut pour la mécanique quantique comme pour les autres mécaniques (par exemple : l'intégrale des chemins de Feynman ne peut être calculée car ces chemins ne peuvent être définis, chaque point se trouvant au centre d'une zone interdite par les relations d'incertitude). Une vision parfaitement nette implique une jauge nulle et n'est donc pas accessible au savoir.

L'adoption d'une jauge non nulle conduit à une oscillation indéfinie de l'univers entre expansion depuis une « origine » vers une « fin » et une contraction de cette fin vers l'origine (une jauge non nulle implique nécessairement un univers limité car l'absence de limite rend la jauge nulle). Les visions d'une origine explosive (« big bang ») et d'une fin implosive (« big crunch ») de l'univers sont corrélatives et découlent simplement de l'adoption d'une constante de Planck non nulle, avatar moderne du *clinamen,* scandale contre lequel s'insurgeait déjà Cicéron :

« Ce n'est pas non plus le fait d'un physicien que d'affirmer qu'il existe une quantité minimale. »
(Les fins ultimes des biens et des maux, I, 20, 45 avant JC)

Les univers du futur sont à masse positive et sont en expansion, les univers du passé sont à masse négative et sont en contraction. Seul un univers à masse nulle (jauge nulle) peut être stable. Mais un tel univers n'est pas observable (mesurable). Il correspond à l'âge d'or antédiluvien des mythologies où mortels et immortels cohabitaient, avant la séparation prométhéenne et la procréation sexuée.

Les formes spinorielles

La distinction vide/plein (ou extérieur/intérieur) de l'espace supersymétrique est simple réflexion, rotation à jauge nulle (de rayon infini) ou encore orientation sans direction distincte (du vide vers le plein ou inversement).

Cette distinction est à l'origine des formes *spinorielles.*

Les formes bosoniques sont paires (symétrisées) et sont insensibles à l'orientation (invariante dans la réflexion) alors que les formes fermioniques sont impaires (antisymétrisées) et sensibles à l'orientation (elles s'inversent dans la réflexion) : les spins des formes bosoniques et fermioniques sont dans un rapport de deux à un.

La brisure de la supersymétrie permet de *distinguer* les directions.

L'approche analytique de cette distinction consiste à *dénombrer* les directions, et *créer* des n-formes spinorielles, **n** étant un entier : une n-forme spinorielle est décomposable sur une base de **n** formes bi-spinorielles élémentaires, caractérisées chacune par leur orientation par rapport à *deux* directions (celle du temps et celle de l'espace). Les formes élémentaires bi-spinorielles sont indissociables de leurs conjuguées complexes au sein d'un *4-spineur de Dirac* représentant le spin d'une particule orientée, massique, et chargée, telle que l'électron.

Ce formalisme analytique spinoriel peut être représenté par un ensemble *non* ordonné de **n** points sur une sphère (description de Majorana) et trouve son équivalent dans la théorie des harmoniques sphériques : il analyse les « modes de vibration » d'un « corps vibrant » compact.

Le boson de spin unitaire 2 (graviton) est corrélatif du fermion de spin unitaire 1 possédant une charge « massique », non directionnelle, les bosons de spin unitaire 1 sont corrélatifs des fermions massifs à charge directionnelle de spin unitaire 1/2. Alors que le boson champ ou repère bi-spinoriel redevient lui-même après une double réflexion soit 2π dans l'espace euclidien, le fermion particule repérée bi-spinorielle redevient lui-même après *deux* doubles réflexions, soit 4π.

Le spin est une notion globale, correspondant à celle de torsion, corrélative de la direction. Une vision du monde est déterminée par ses degrés de liberté, autrement dit le nombre de directions qu'elle différencie. Pour une direction donnée, il n'y a que deux orientations possibles, conséquence d'une *logique binaire* : « il faut qu'une porte soit ouverte ou fermée », expression de la *négation* à l'origine du rien/quelque chose, du vide/plein. C'est la logique de la *séparation,* correspondant à l'opérateur primitif « incompatibilité » qui permet de rendre compte de toutes les opérations de la logique propositionnelle. Nous y reviendrons.

Une vision du monde à n degrés de liberté correspond à une n-forme spinorielle cohérente, un tenseur spinoriel, que la mesure désagrège (décohère) en un produit vectoriel de n formes bi-spinorielles élémentaires et leurs conjuguées. Leurs « probabilités » sont *contextualisées*, c'est-à-dire contraintes par une relation de fermeture. Ces probabilités sont quantifiées par des nombres algébriques (dénombrables) issus d'une algèbre spinorielle : elles correspondent à la *première quantification.*

Les formes leptoniques et hadroniques

L'opération « produit extérieur » ou « vectoriel » permet de *créer* au moyen d'opérateurs de création (voir plus loin) des n-formes correspondant au produit vectoriel de n formes simples (1-formes).

Les formes *leptoniques* sont des 1-formes autonomes ; leur espace de représentation est de symétrie U(1).

Les formes *hadroniques* sont des formes *composites* issues de la complexification de plusieurs 1-formes non autonomes (les *quarks*). L'association de deux 1-formes correspond aux formes *mésoniques* (espace de représentation de symétrie SU(2)) ; l'association de trois 1-formes correspond aux formes *baryoniques* (espace de représentation de symétrie SU(3)).

Les symétries U(1), SU(2) et SU(3) sont des symétries de jauge *globale*, indépendantes de l'espace-temps : elles correspondent à des invariants (essences) « universels », à l'origine des *lois de conservation de la physique* lorsque ces formes sont temporo-spatialisées. Résurgences modernes des « anges » ou des « intelligences » des théologies judaïque, chrétienne ou coranique, ou encore des monades « sans fenêtres » leibniziennes, les particules fermioniques et leurs champs bosoniques associés correspondant à ces symétries sont dits « libres », ils n'interagissent pas, ne s'influencent pas mutuellement. Le monde ignore le mouvement (il n'y a pas de vitesse). Les « corps » sont étrangers les uns aux autres, sont désincarnés, n'ont pas de masse, d'inertie, de « clinamen » lucrétien. Ils constituent un monde à vide, non situé, sans adversité, littéralement *absurde* (a-topos). Ils relèvent d'une *jauge globale.*

L'en-soi est pour-soi, il n'est en présence que de lui-même, il ne possède qu'un dedans et un dehors, un spin indifférenciable. Sa masse est nulle, il ne peut être mis en présence d'autrui, il n'est pas pour-autrui. Il est libre.

L'espace gradué de Fock

Les espaces de représentation des formes à symétrie de jauge globale sont des *espaces gradués dénombrables dits « de Fock »*, structurés par une algèbre grassmannienne graduée d'*opérateurs de création et d'annihilation* agissant sur ces formes.

Les opérateurs de création de formes fermioniques sont de grade impair et anticommutatifs, tandis que les opérateurs de création de formes bosoniques sont de grade pair et commutatifs. L'opérateur d'annihilation est le conjugué hermitien (repéré par l'astérisque ∗) de l'opérateur de création. Les relations de commutation/anticommutation s'écrivent

$$\left[\Psi, \Phi\right]_{\pm} = \left[\Psi^*, \Phi^*\right]_{\pm} = 0, \left[\Psi^*, \Phi\right]_{\pm} = (\varepsilon i)^k \langle \psi | \phi \rangle I$$

avec le signe + pour les opérateurs de création/annihilation de formes fermioniques et le signe − pour les opérateurs de création/annihilation de formes bosoniques, I étant l'*opérateur identité* et k un entier dépendant de la valeur du spin.

Ces règles de l'algèbre des opérateurs de création et d'annihilation expriment que les formes fermioniques (représentant les « corps ») sont « individualistes » et « exclusives » (respectent le principe d'exclusion de Pauli et une statistique dite de Fermi-Dirac), tandis que les formes bosoniques corrélatives (représentant les «champs ») sont «grégaires » et « inclusives » et respectent une statistique dite de Bose-Einstein. L'algèbre des opérateurs de création et d'annihilation est à l'origine de la conservation de la charge ainsi que des nombres leptoniques et baryoniques lors des réactions nucléaires.

Les différentes formes composites sont obtenues par l'intermédiaire de ces opérateurs à partir du *choix* d'une forme originelle $|\varnothing\rangle$, dite « du vide », ou $\langle\varnothing|$ dite « du plein ». La forme finale obtenue par annihilation du plein doit être cohérente avec la forme du vide et vice-versa, ce qui représente toute la difficulté de l'exercice : le produit scalaire $\langle\varnothing|\varnothing\rangle$ doit *converger*. Cette recherche de cohérence est analogue à celle qui consiste à mettre en adéquation hamiltonien et lagrangien. Nous y reviendrons.

La forme du vide (ou du plein) original n'est pas un absolu : elle est corrélative du choix de l'algèbre des opérateurs. Cette algèbre est une algèbre de Lie opérant sur un *groupe de symétrie de jauge* dont les générateurs correspondent aux *bosons de jauge*. Nous y reviendrons.

La recherche d'un couple cohérent « forme du vide/algèbre des opérateurs » ou recherche du « meilleur des mondes » est l'objet de la théorie quantique des champs, encore appelée *deuxième quantification*.

Les différentes formes intermédiaires obtenues en partant du vide (par créations successives) ou du plein (par annihilations successives) à l'aide de l'algèbre des opérateurs constituent des enchaînements correspondant aux *propagateurs de Feynman* : ce sont des chaînes d'ipséité. Une ligne complète joignant le vide au plein est un circuit d'ipséité : chaque extrémité doit être reflet cohérent de l'autre. Vide et plein doivent être symétriques par rapport au groupe de symétrie de l'algèbre des opérateurs.

Les directions étant indifférenciées, ces enchaînements n'interfèrent pas entre eux, ne présentent pas de points de rencontre (de vertex), ils ne sont pas temporo-spatialisés. Ils sont dits « libres », ils s'ignorent et constituent chacun un soi mis en présence de soi, un pour-soi, mais *non* pour-autrui.

L'algèbre des opérateurs et son corrélatif la forme du vide/plein originel résultent d'un *choix* et d'une vision *préjugée* du monde : ils constituent un acte de création démiurgique inaccessible et antérieur au savoir, dont la justification est obtenue a posteriori par la cohérence de deux corrélatifs qui se co-fondent au sein d'un diallèle.

Les opérateurs de création et d'annihilation sont des fonctions analytiques de fonctions analytiques : ils discrétisent la totalité et la transforment en collections de collections : ce sont les outils qui permettent de désagréger le tout « en lambeaux » et de les « recoudre ». Chaque « mise en lambeaux » recousue de façon cohérente fabrique une « nature » formatée de façon idoine pour obéir à « des lois universelles » corrélatives.

Les opérateurs de création et d'annihilation correspondent aux hyperfonctions et leur algèbre à des cohomologies de faisceaux holomorphes. Nous y reviendrons.

Une vision du monde particulière est à l'origine d'un ensemble *choisi et fini* de symétries de jauge « unifiées » : par exemple les symétries $U(1)$, $SU(2)$ et $SU(3)$ unifiées correspondent à une vision à trois degrés de liberté : devant/derrière, gauche/droite, haut/bas. *Cette unification pour être parfaite nécessite une jauge nulle, ce qui la rend inobservable*. Les symétries unifiées de la physique à jauge non nulle ne peuvent être « exactes » que si leur nombre est infini.

Si leur nombre est fini, elles sont nécessairement inexactes : dans le groupe de symétries unifiées du modèle standard, par exemple, seule la symétrie U(1) est exacte (elle a une portée infinie), les autres symétries SU(2) et SU(3) sont « approchées » (elles ont une portée respective de 10^{-18} et 10^{-15} mètres).

Cela est dû au fait que tous les nombres entiers sont divisibles par 1 et que les nombres 2 et 3 sont premiers entre eux (le rationnel 2/3 ne peut être atteint avec une jauge finie : « la division ne tombe pas juste »). Les *nombres premiers* sont la raison profonde de l'impossibilité d'unifier les symétries de jauge autrement qu'avec une jauge nulle. Ils condamnent toute vision « observable », donc à jauge non nulle, à être bancale. Seule une vision réduite à une symétrie unique U(1) peut être « exacte ».

Alors que la symétrie à jauge nulle (dans laquelle toutes les masses sont nulles) permet d'avoir une symétrie SU(2) exacte, ce n'est plus le cas lorsqu'on adopte une jauge non nulle, corrélative de l'apparition de masses non nulles. Alors le photon, boson de jauge vecteur de l'interaction électromagnétique à symétrie U(1) peut garder une masse nulle, tandis que les bosons de jauge vecteurs de l'interaction électrofaible à symétrie SU(2), les bosons Z^0, W^+, et W^-, sont nécessairement massifiés.

Le médiateur de cette massification ou « brisure d'affinité massique», passage d'une jauge nulle à une jauge non nulle, est le *boson (champ) de Higgs*, qui possède lui-même une masse non nulle *mais indifférenciable* (paramètre libre dans le modèle standard) ainsi qu'un spin nul. Le champ de Higgs couple les deux bi-spineurs composant le quadri spineur de Dirac de toute particule spinorielle, qui acquiert de ce fait une masse et devient observable. Le boson de Higgs « apporte » la masse aux particules et les rend observables. Ce faisant, il révèle le caractère nécessairement dissymétrique de toute vision observable. Corrélativement, c'est cette dissymétrie qui permet de l'observer.

Il en résulte que la droite et la gauche telles que « reconnues » par la force électrofaible ne sont pas symétriques (équivalentes), que les « lois » de l'interaction électrofaible ne sont pas conservées par changement de parité (inversion miroir) de l'espace, ou encore que *la parité ne se conserve pas dans les interactions faibles : l'espace n'est pas ambidextre*. Les symétries de jauge SU(2), tout comme SU(3), ne sont pas *abéliennnes* : leurs générateurs ne commutent pas.

L'univers de la matière blanche, celui de l'énergie-masse positive est gaucher, corrélativement à celui de la matière noire à énergie-masse négative, qui est droitier. Mais droite et gauche ne sont pas symétriques dans le monde observable.

Cette « découverte » mise en évidence expérimentalement dans les années 1950 fit sensation à l'époque. Les formes leptoniques et baryoniques ne sont pas affectées par l'interaction faible à jauge nulle : seules les formes mésoniques sont sensibles à la différenciation gauche/droite. Ce n'est plus le cas à jauge non nulle, après massification. Celle-ci entraîne un couplage des trois symétries U(1), SU(2) et SU(3) qui s'exprime par les angles de Weinberg et Cabiddo et traduit le caractère bancal de l'unification des trois symétries. L'apparition de la masse, indispensable à la mesure des « observables », disloque le tout : elle est « de trop ».

Beaucoup de formes dotées apparemment d'une symétrie gauche/droite *ne sont pas énantiomorphes*, c'est-à-dire superposables par inversion ou réflexion-miroir. C'est le cas notamment du corps humain.

La conséquence de l'adoption de symétries de jauge en cas de jauge non nulle est l'apparition de masses et la temporo spatialisation de ces jauges, qui de globales deviennent locales : *l'invariance de jauge devient locale*.

Les « facteurs de phase » des formes deviennent dépendants de l'espace et du temps, ils se « localisent », localisation spatio-temporelle ou « mise en situation », par laquelle la fréquence et l'amplitude se co-fondent, séparation à la base des notions d'entropie et de température, de la cristallographie spatiale (ou « lagrangienne ») de la matière en équilibre thermodynamique, de la cristallographie temporelle (ou « hamiltonienne ») de la matière hors d'équilibre thermodynamique, jeux de l'intuition et du formalisme, faisant émerger le différencié de l'indifférencié, le signal du bruit, matérialisant l'idée, idéalisant la matière, morphogenèse théorisée par le concept d'onde pilote (voir **annexe 10**) :

$$e^{iqA}\left|\varphi\right\rangle \to e^{iqA(x)}\left|\varphi\right\rangle$$

où *A* représente le *potentiel de jauge*. Nous y reviendrons.

La notion de groupe (de symétries) repose sur celle de fermeture, qui est une notion corrélative de celle d'ouverture. Le groupe est l'expression de l'*immanence*, dont relève le formalisme, qui ne peut être comprise que par la *transcendance*, dont relève l'intuition. On peut tout expliquer et comprendre par le jeu de l'immanence et de la transcendance, à l'exception du couple corrélatif immanence/transcendance lui-même, avatar de la *négation*, inaccessible à la science. La suite des nombres entiers, dits « naturels », et avec elle toute l'arithmétique, résultent du jeu de l'immanence et de la transcendance : elles sont injustifiables. On ne peut comprendre ce par quoi la compréhension arrive.

Cela condamne par avance à l'échec toute tentative d'unification du tout : la totalité est à la fois ouverte et fermée, ni ouverte, ni fermée.

Les familles spatio-temporelles

Lorsque les formes « universelles » à symétrie de jauge globale sont temporo-spatialisées, à chaque forme est associé un « positionnement » spatio-temporel, représenté par une n-forme spatio-temporelle, appartenant à un espace gradué constitué sur une base de n « 1- formes spatio-temporelles élémentaires » du type $|0\rangle \wedge |x\rangle$ (produit vectoriel d'une 0-forme temporelle par une 1-forme spatiale) :

- pour $n = 1$ (espace à une dimension temporelle et une dimension spatiale) on obtient des formes dites de la famille « *électronique* » : on peut les représenter comme des boules (1-branes) vibrantes,

- pour $n = 2$ (espace à une dimension temporelle et deux dimensions spatiales) on obtient des formes dites de la famille « *muonique* » : on peut les représenter comme des tores (2-branes) vibrants,

- pour $n = 3$, (espace à une dimension temporelle et trois dimensions spatiales) on obtient des formes dites de la famille « *tauique* » : on peut les représenter comme des bretzels (3-branes) vibrants.

Dans le cas d'un espace-temps classique à une dimension temporelle et trois dimensions spatiales, l'ensemble des formes de symétries U(1), SU(2) et SU(3) ainsi temporo-spatialisées sont ordonnées (unifiées) au sein du *modèle standard* correspondant au groupe unifié de symétrie SU(3) x SU(2) x U(1) / $\mathbb{Z}_6$ (voir a**nnexe 3**). Elles constituent les « particules » de la physique d'aujourd'hui, briques du mur de la matière. Ces briques n'ont aucune autonomie : elles se définissent par rapport au mur qu'elles constituent et vice-versa.

Leur temporo-spatialisation permet de les « situer » sur fond d'espace-temps. Les invariants des formes résultent alors de symétries « situées », dites *de jauge locale.* La « stationnarité » de l'action globale *localisée* $\langle \varnothing | \varnothing \rangle (x)$ est à l'origine des *lois de la dynamique de la physique*, qui formalisent les « interactions » entre les formes bosoniques et fermioniques. Les symétries de jauge locale sont conservées le long de « chemins » ou « connexions » : nous y reviendrons.

Les jauges locales ne peuvent être reliées entre elles par des chemins, des connexions, qu'à condition de doter l'espace-temps d'une structure de continuum métrisable dite de « variété riemannienne ».

Cela nécessite de *créer* le continu, à partir duquel il sera possible de définir ces chemins, ces connexions.

Le continu

La *création du continu*, acte inexplicable, résulte de la négation ou partition du dénombrable : est continu ce qui n'est pas dénombrable, l'in-nombrable. Le continu repose sur le *corps* des nombres *réels* (ces nombres « sans épaisseur » sont des transcendants créés par la coupure ou dichotomie de Dedekind, issue du couple corrélatif totalité/singularité).

La « *collection* », qui relève du dénombrable et de l'analyse, ne doit pas être confondue avec l' « *ensemble* », pure réflexivité dont la définition repose sur la dualité auto-référentielle « ensemble/élément » à l'origine de l'axiome de choix (voir plus loin), autre avatar de la transcendance rien/quelque chose. La collection est un ensemble dénombrable, c'est une totalité désagrégée, désintégrée, disloquée. L'axiome de choix, indispensable à l'analyse et donc à la science, rend toute synthèse *ouverte* et donc non concluante: il est impossible de recomposer ce que l'on a décomposé, les deux opérations sont en irrémédiable inadéquation (voir **annexe 6** et **annexe 8**).

La confusion entre l'élément singulier d'un ensemble et l'élément particulier d'une collection est à l'origine des paradoxes de la théorie des ensembles. Le chat-particulier n'a rien à voir avec le chat-singulier qui ronronne auprès de vous.

$a \not\equiv \{a\}$: *un chat n'est pas un chat*

L' « ensemble » ou totalité échappe à l'analyse : l'ensemble de tous les ensembles n'est pas un ensemble tout en en étant un. Cela traduit simplement que la totalité n'est pas analysable, qu'elle échappe au savoir qui ne peut être qu'analytique, qui ne peut saisir que des collections.

L'être de la singularité est le néant et sa modalité d'être, la totalité, est encore le néant.

Les collections sont, en revanche, des ensembles dénombrables et analysables. La collection de tous les ensembles dénombrables, bien qu'elle ne soit pas un ensemble, est encore considérée comme une collection : c'est la collection désignée Ω (la collection de toutes les fonctions analytiques, ensemble ordonné de tous les ordinaux finis ou infinis dénombrables, ou encore le plus petit des ordinaux non dénombrables). Mais cette collection échappe elle-même à l'analyse (voir **annexe 8**).

Deux ensembles sont *équivalents* lorsque leurs éléments peuvent être mis en relation 1 à 1 : ils ont le « même nombre d'éléments », on dit qu'ils ont même puissance, même dimension. Une classe d'équivalence d'ensembles est caractérisée par son « *cardinal* ».

Les classes d'équivalence, issues de l'*essence*, sont des avatars des *genres, espèces et universaux* du thomisme aristotélicien qui les oppose aux *choses*, issues de l'*existence*. Les disputes relatives à l'*universale ante rem* (l'essence précédant l'existence) et à l'*universale post rem* (l'existence précédant l'essence) ont animé la scolastique du Moyen-Age occidental, mais Avicenne, philosophe islamique oriental du XIème siècle avait déjà entrevu qu'essence et existence se co-fondent au sein du néant.

Une classe A d'ensembles a un cardinal inférieur ou égal à celui d'une autre classe B lorsque les éléments d'un ensemble de la classe A peuvent être mis en relation 1 à 1 avec les éléments d'un *sous-ensemble* d'un ensemble de la classe B. Une classe A a un cardinal strictement inférieur à celui d'une classe B si son cardinal est inférieur ou égal à celui de la classe B et qu'un ensemble de la classe A ne peut être mis en correspondance 1-1 avec un ensemble de la classe B.

Ces subtiles « manipulations » d'ensembles sont au cœur de la notion de « *relation* » qui conditionne la possibilité du savoir. Elles ne permettent de définir un critère de comparaison des cardinaux qu'à condition que la mise en relation 1-1 d'éléments d'ensembles ou sous-ensembles soit *toujours* possible, en clair que tous les ensembles soient « classables » ou « cardinalisables ».

Cette « classificabilité », indispensable à la science, est indémontrable. La science s'auto fonde par l' « axiome de choix » qui postule que les cardinaux non comparables n'existent pas.

Postuler l'axiome de choix revient à affirmer qu'il est possible de *distinguer*, dans un ensemble, des éléments *pertinents,* par exemple une goutte d'eau dans la mer qui est un ensemble de gouttes d'eau. L'axiome de choix requiert la *séparation*, acte préréflexif et injustifiable qui fait du point un pixel. C'est le socle de la « loi des contraires » selon laquelle le « rien » ne peut exister sans son contraire, le « quelque chose ». Il n'a jamais été admis par le scepticisme antique qui refusait toute assertion et recommandait l'*aphasie*. L'axiome de choix, qui sous-tend toute la logique, est à l'origine d'une confusion récurrente, consistant à supposer qu'un groupe ayant un seul membre est identique à ce *seul* membre : confusion du point (singulier) et du pixel (particulier) : $a \not\equiv \{a\}$.

L'axiome de choix est *séparation* de l'existence et de l'essence (« quiddité » et « qualité » des philosophes), ce qui conduit à autonomiser des essences, autrement dit à *chosifier*, source de contradictions régressives qui ne peuvent se résorber que dans le Tout (nous y reviendrons). L'existence devient alors un accident de l'essence. Ces accidents sont représentés par des diagrammes de Feynman en physique moderne : ils sont alors appelés « nœuds » ou « vertex ».

Le domaine de la science est restreint au « cardinalisable », au dénombrable, et toute relation (fonction) ne relevant pas du dénombrable lui échappe : tout savoir ne peut être qu'analytique. La science est classification, elle est linnéenne : elle constitue des cases et les remplit.

Comme il n'y a pas de limite aux nombres cardinaux, toute science est ouverte et indémontrable (il n'existe pas de fonction analytique de toutes les fonctions analytiques).

Cela signifie que les différents domaines de la science étant analytiques ne peuvent être mis en relation analytique *fermée* entre eux et sont donc condamnés à échapper à toute tentative scientifique d'ultime unification (voir **annexe 6**).

La science ne peut traiter que de rapports (mises en relation 1-1) analytiques, elle ne peut donner qu'une vision discontinue et ouverte du monde, d'un monde « dispersé en lambeaux ». Réunir (« unifier ») ces lambeaux relève nécessairement d'un acte de création, inexplicable et inaccessible à la science, dont les avatars s'appellent fluctuation, brisure spontanée de symétrie, changement de phase, émergence, phase d'expansion accélérée, saut quantique, mutation, sélection naturelle ...

Toute science du tout fait appel à la création.

Les cardinaux peuvent être finis ou infinis :

- lorsque l'ensemble a un nombre *fini* n d'éléments, le cardinal de sa classe d'équivalence est précisément n.
- lorsqu'un ensemble possède un nombre *non fini* d'éléments, son cardinal est infini, il est habituellement noté $\aleph_n$ (aleph indice n).

Le plus petit cardinal infini est $\aleph_0$: il correspond aux collections de collections, ensembles dénombrables ou analytiques, tels que l'ensemble des nombres entiers naturels, des nombres pairs ou impairs, des nombres rationnels, des nombres algébriques, des fonctions analytiques, des hyperfonctions (fonctions analytiques de fonctions analytiques), des espaces de Hilbert séparables. Tous ces ensembles possèdent le même nombre d'éléments, ils ont la même puissance, la *puissance du dénombrable*. En effet :

$$1^{\aleph_0} = n.\aleph_0 = \aleph_0^{\,n} = [(\aleph_0)^n]^n = \aleph_0 \quad \forall\, n \in \mathbb{N}$$

Le dénombrable (l'analytique) ne permet pas de sortir du dénombrable. Et pourtant, il est très facile d'en sortir, comme le montre la diagonale de Cantor. Mais cela nécessite d'opérer une *coupure* par un acte transcendant de *création*, inexplicable, à l'origine des *nombres réels*, dont l'ensemble comprend, outre les nombres « dénombrables »,

les nombres transcendants. Deux nombres transcendants ne peuvent être mis en relation analytique entre eux : ils représentent des singularités, *inaccessibles à l'ordinateur*.

Les classes d'ensembles non dénombrables ont des cardinaux supérieurs à $\aleph_0$. Le seul habituellement utilisé est C qui correspond au nombre total de sous-ensembles, obtenus par partition dichotomisante, d'un ensemble dénombrable (ce à quoi revient la coupure de Dedekind à l'origine des nombres réels) : $C = \aleph_0^{\aleph_0} = 2^{\aleph_0} = \mathcal{P}(\aleph_0)$

C est le cardinal de la classe des ensembles dits « *continus* », tels que le corps des réels ou le corps des complexes ou encore le faisceau dit « flasque » des hyperfonctions.

La *puissance du continu* C est supérieure à celle du dénombrable $\aleph_0$, aucune construction analytique (récursive) ne permet de passer de l'un à l'autre. *Le continu est hors d'atteinte du savoir (et des machines)*.

L'affirmation que $C = \aleph_1$ (le premier cardinal strictement supérieur à $\aleph_0$) n'est pas démontrable : elle constitue une *hypothèse, dite « du continu »*.

Le corps des nombres réels englobe et ordonne les nombres « dénombrables » (ou analytiques) qui permettent la quantification (les entiers naturels, les nombres pairs ou impairs, les nombres rationnels, les nombres algébriques) au sein d'un continuum constitué de nombres transcendants, inaccessibles à la mesure, tels que e, π, auxquels il faut ajouter i pour constituer le corps des nombres complexes qui a également la puissance du continu :

$$2^{\aleph_0} = C = n.C = C^n = \mathcal{P}(\aleph_0) = [C^n]^n = C^{\aleph_0} \quad \forall\, n \in \mathbb{N}$$

Les espaces de formes sont des espaces gradués, analytiques, dénombrables : ils possèdent un nombre entier de configurations de base. Les charges étant additives et multiples entiers d'une charge élémentaire l'unification de ces espaces impose que la charge élémentaire soit égale à 1/k, avec k entier : ce rapport est appelé *constante de structure fine* des espaces de représentation. La constante de structure fine est une conséquence du caractère analytique de la physique : elle est corrélative des formes et des groupes de symétrie qui les définissent.

L'unification des formes de symétrie U(1), SU(2) et SU(3) du modèle standard de la physique conduit à une constante de structure fine égale à 1/137 (voir **annexe 4**). C'est la charge la plus petite pouvant être observée, mesurée, c'est la charge de l'électron. C'est le grain élémentaire de la désagrégation opérée par une analyse correspondant à l'unification de ces trois symétries.

Le continu, transcendant inaccessible à l'analyse, permet de doter l'espace-temps d'une structure de *variété*.

L'espace-temps, variété riemannienne réelle, base de fibrés tangents et cotangents

Une *variété réelle* est constituée par un «assemblage de *cartes* », chaque carte correspondant à une région *ouverte* de l'ensemble $\mathbb{R}^n$, ensemble ayant la puissance du continu, par exemple l'espace *continu* $\mathbb{R}^4$ des coordonnées réelles (t, x, y, z) de l'espace-temps classique. La variété est une structure *indépendante* des différents systèmes de coordonnées (cartes) : son invariant est l'ouvert (exigeant une jauge non nulle et permettant une métrique) qui doit être préservé par l'assemblage. Les *fonctions de transition* permettant de passer d'une carte à l'autre sur un ouvert de recouvrement de deux cartes doivent être « *lisses* », c'est-à-dire de classe C^1 (une fois dérivables et à dérivées partielles continues). Un tel assemblage de cartes est dit *hausdorffien*, il permet de définir des fonctions analytiques ou holomorphes sur des régions *ouvertes* de la variété. *Il fait appel à une jauge non nulle et à la lissitude, avatar du continu*.

Le collage de cartes hausdorffien dote l'espace-temps d'une structure de *variété riemannienne* (4-variété réelle pour l'espace-temps de la physique classique), c'est-à-dire de *continuum métrisable*.

Un champ de jauge scalaire sur une variété réelle est défini par l'intermédiaire d'une *fonction scalaire réelle* ϕ *non nulle et lisse* $\phi(x^i)$ des coordonnées de chacune des cartes de la variété : ce champ scalaire est appelé une 0-forme notée $\langle \phi |$.

L'opération de *dérivation extérieure* est définie *indépendamment du choix de la carte* par l'opérateur de dérivation extérieure d qui transforme une p-forme x en (p+1)-forme dx suivant les règles suivantes :

$$d(x+y) = dx + dy$$
$$d(x \wedge y) = dx \wedge y + (-1)^p (x \wedge dy)$$
$$d(dx) = d^2(x) = 0 \quad \forall x$$

L'opération de dérivation extérieure constitue le fondement axiomatique des espaces vectoriels et de leur structuration à l'aide des quatre opérations d'addition, produit scalaire, produit vectoriel et produit mixte, et plus généralement de la *tensorialité*. Elle est à l'origine des lois de la physique linéaire, des forces « vectorielles ». C'est aussi la raison profonde pour laquelle l'univers nous apparaît tantôt en expansion, tantôt en contraction *accélérées*. La dérivation extérieure est l'outil mathématique permettant de *différencier* les degrés de liberté d'une vision du monde.

La coupure $d^2 = 0$ correspond au *tourbillon (δίνη)* démocritéen, expression du déterminisme analytique :

« Tout ce qui est engendré est régi par la nécessité, car la cause de la génération de toutes choses est le tourbillon, qu'il (Démocrite) *nomme nécessité. »*
(Diogène Laërce, Vies, doctrines et sentences des philosophes de l'Antiquité, Livre IX, 7- 45, IIIème siècle)

Le *lemme de Poincaré*, à la base de la « linéarisation » de la physique, stipule que toute p-forme dont la dérivée extérieure est nulle peut être *localement* considérée comme la dérivée extérieure d'une (p-1)-forme, son « potentiel », *grandeur définie à un gradient près* puisque la dérivée extérieure d'un gradient est nulle. Le *choix* d'un gradient particulier revient à choisir le « zéro » de chaque fibre d'un fibré, à briser son affinité. Ce choix crée une *connexion de jauge dite « de Lorentz »*. Nous y reviendrons.

La « dérivation extérieure » de la 0-forme $\langle \phi |$ permet d'obtenir une 1-forme $\langle d\phi |$, appelée *gradient,* structurant un espace vectoriel de covecteurs, de base $\langle dx^i |$ en chacun des points x de la variété (l'espace «*cotangent* » à la variété en ce point)

$$\langle d\phi |(x) = \sum_i \frac{\partial \phi(x)}{\partial x^i} \langle dx^i |(x)$$

(avec $x^0 = t, x^1 = x, x^2 = y, x^3 = z$)

L'ensemble des espaces cotangents en tous les points de la variété forme le *fibré cotangent* sur la variété ; celle-ci est appelée *base* du fibré. L'espace cotangent en un point est une *fibre* du fibré cotangent. Si on associe à chaque point de la variété *un* covecteur de la fibre en ce point, on obtient une *section* du fibré, image *continue* de la base sur le fibré cotangent. Certains fibrés ne possèdent pas de section en dehors de la section identiquement nulle.

Un covecteur quelconque $\langle x| = \sum_i x_i \langle dx^i|$ n'est généralement pas une 1-forme, un gradient.

L'opération de dérivation extérieure dote l'espace des formes d'une structure d'*espace vectoriel gradué*.

Si $d\phi$ et $d\psi$ sont des gradients issus de champs scalaires ϕ et ψ, la 2-forme $\omega = d\phi \wedge d\psi$ est à dérivée extérieure nulle : $d\omega = 0$, ce qui signifie que le produit vectoriel ω est encore un gradient (sur le sous-espace des 2-formes), dérivé d'un champ scalaire θ ; ω est une 2-forme de vorticité, ou tenseur tourbillon, et θ correspond au vecteur tourbillon.

« *...ce fameux tourbillon dont il est plus d'une fois question dans la physique grecque, élément moteur qu'aucune science ne parvient à saisir.* »
(Søren Kierkegaard, Du concept d'angoisse, Introduction, 1844)

On note : $\omega = d\theta$, $\theta = \{\phi, \psi\}$, où l'opérateur bi différentiel $\{\bullet, \bullet\}$ est le « *crochet de Poisson* ». L'opérateur $\{\phi, \bullet\}$ est un opérateur différentiel, ou champ vectoriel agissant sur un champ scalaire Ψ pour donner le champ scalaire θ tel que $d\theta = d\phi \wedge d\psi$.

Le fibré cotangent possède une structure de variété *symplectique*, non locale, dite « flottante » car indépendante de toute métrique, déterminée par les 2-formes antisymétriques $\langle S^{ij}|$ à dérivée extérieure nulle:

$$\langle S^{ij}| = \langle dx^i| \wedge \langle dx^j| \Rightarrow \langle S^{ij}| = -\langle S^{ji}|, \ d\langle S^{ij}| = 0$$

$$d(\langle y| \wedge \langle x|) = \sum_{i \leq j}(y_i x_j - y_j x_i) s_{ij} \langle S^{ij}|$$

Le tenseur **S** est antisymétrique et inversible (du fait de la non nullité de la jauge) :

$$s_{ij} = -s_{ji,} \ \mathsf{s}^{ij} s_{jk} = \delta_k^i, \ \mathsf{s}^{ij} = -s^{ji}$$

La 2-forme **S** est liée au crochet de Poisson par la relation

$$\{\phi,\psi\} = -\frac{1}{2}\frac{\partial \phi}{\partial x^i}\frac{\partial \psi}{\partial x^j}s_{ij}$$

Pour la 2n-forme $\langle \Sigma| = \overset{i \leq j}{\wedge}\langle S^{ij}|$ ou « élément de volume » on a

$$d\langle \Sigma| = 0$$

Cette propriété est à l'origine du *théorème de Liouville* sur l'espace des phases de la physique classique. Nous y reviendrons.

Une 2-forme correspond à une structure globale rotationnelle, elle est associée à la notion de *spin.*

Parallèlement au champ de jauge *scalaire* $\phi(x)$, un *champ de jauge vectoriel non nul et lisse*, de composantes $\xi^j(x)$ défini en chacun des points x de la variété permet de structurer un espace vectoriel de vecteurs, de base

$|dx_j\rangle$ en chacun des points x de la variété, l'espace «*tangent*» à la variété en ce point :

$$|\xi\rangle(x) = \sum_j \xi^j(x)\frac{\partial}{\partial x^j} = \sum_j \xi^j(x)|dx_j\rangle(x)$$

$|\xi\rangle$ est l'opérateur de dérivation extérieure, formant corrélatif au formé « dérivée extérieure » $\langle d\phi|\xi\rangle$ par l'intermédiaire du *choix* du champ de jauge quadrivectoriel lisse et non nul $\{\phi(x)$ (scalaire), $\xi(x)$ (vecteur)$\}$ correspondant au quadrivecteur énergie-impulsion, mesurant corrélatif du mesuré quadrivecteur temps-espace $\{t$ (scalaire), x (vecteur)$\}$.

Les vecteurs $|x\rangle = \sum_i x^i|dx_i\rangle$ (1-vecteurs) et les covecteurs $\langle y| = \sum_i y_i\langle dx^i|$ (1-covecteurs) se co-définissent par l'intermédiaire de leur produit scalaire

$$\langle y|x\rangle = \sum_{ij} y_i x^j \langle dx^i|dx_j\rangle = \sum_{ij} y_i x^j g_i^j = \langle x|y\rangle$$

scalaire indépendant du système de coordonnées (« invariant relativiste »), en chacun des points x de la variété.

Vecteurs et covecteurs résultent de la brisure de la supersymétrie qui permet de *distinguer* la direction : il n'y a pas de dérivée sans direction, la direction est modalité d'être de la dérivée. A condition de *fixer une origine, un bord.*

La dérivation « extérieure » s'exprime localement dans le système de coordonnées locales. Le passage d'une carte à l'autre s'effectue à l'aide des fonctions de transition, selon les règles de l'algèbre tensorielle, *indépendantes du collage des cartes*.

Le *choix* d'un champ de jauge quadrivectoriel *non nul et lisse* (scalaire ϕ et vectoriel ξ) sur la variété dote celle-ci d'une *métrique* en chacun de ses points (locale) et rend cette variété *riemannienne*.

Le produit scalaire

$$\langle d\phi | \xi \rangle (x) = [\xi(\phi)](x) = \sum_{i,j} \xi^j \frac{\partial \phi}{\partial x^i} \langle dx^i | dx_j \rangle$$

$$= \sum_{i,j} \xi^j \frac{\partial \phi}{\partial x^i} g_i^j$$

représente « l'accroissement de ϕ dans la direction ξ » au point x. C'est un invariant, indépendant de la carte (du système de coordonnées), mais corrélatif du champ de jauge non nul et lisse quadrivectoriel $\{\phi(x), \xi^i(x)\}$.

Les $g_i^j(x)$ constituent un champ de tenseurs métriques $g(x)$. Ces tenseurs sont *symétriques*, non singuliers (inversibles) et lisses du fait du choix d'un champ de jauge quadri vectoriel lisse et non nul.

$$g_{ij} = g_{ji}, g^{ij} = g^{ji}, g_{ij}g^{jk} = g_i^k, g^{ij}g_{ij} = n$$

n étant la dimension de la variété.

Localement, la structure de la variété riemannienne « tend vers » la structure de ses espaces tangents, qui sont des espaces *plats* à métrique constante, les g_i^j étant ceux du « point de contact » : ce sont les espaces vectoriels euclidiens de la physique classique.

Si la métrique permet d'avoir $\langle x | x \rangle = 0$ avec $|x\rangle \neq 0$ la variété est dite *pseudo* riemannienne. C'est le cas notamment de l'espace-temps minkowskien $\mathcal{M}$ de la relativité restreinte à métrique lorentzienne de signature impaire (+ - - -).

> *Le formé $\langle d\phi | \xi \rangle$ (correspondant à ce qui est différencié, le mesuré) et le formant $|\xi\rangle$ (la différenciation, le mesurant), tout comme le 0 et le 1, le rien et le quelque chose, n'ont aucune autonomie : ils se co-fondent dans une forme, une mesure, objet d'un **choix** de jauge, la 1-forme $\langle d\phi |$ issue de la matrice originelle ϕ et résultent de la séparation de l'inséparable, du néant. Cette séparation est à l'origine des cartes et variétés riemanniennes ou pseudo riemanniennes indispensables à la physique.*

C'est la signification profonde du mythe de la séparation du Ciel Ouranos et de la Terre Gaïa qui ont engendré le Temps Cronos : la mesure, manifestation temporalisante de la *séparation*, fait le temps.

Pour résumer, faire de l'espace-temps une *variété riemannienne ou pseudo riemannienne réelle* fait intervenir trois opérations :

- le collage de cartes hausdorffien qui préserve les *ouverts* et fait de l'espace-temps un continuum métrisable, une variété,

- la définition d'une opération « *dérivation extérieure* » *indépendante du choix des cartes* qui structure localement (en chacun des points de la variété) des espaces vectoriels tangents de vecteurs et cotangents de covecteurs

- le choix d'un *champ de jauge quadrivectoriel non nul et lisse* sur la variété, qui fournit une *métrique* et une structure *locale euclidienne* aux espaces vectoriels tangents et une structure *globale symplectique* aux espaces vectoriels cotangents.

Cette structuration de l'espace-temps en variété riemannienne ou pseudo riemannienne réelle permet, en chacun des points de cette variété, de créer des espaces vectoriels tangents euclidiens et cotangents symplectiques indépendamment du collage de cartes à l'origine de la variété. Cependant ces espaces sont « déconnectés » les uns par rapport aux autres, ils ne sont pas « situés » : ils constituent des mondes qui s'ignorent, ne permettant pas de constituer des symétries de jauge continues sur la variété. Pour cela, il est nécessaire de les « connecter » par une connexion de jauge, opération de dérivation *covariante* qui permettra la comparaison de vecteurs et covecteurs de fibres différentes. Nous y reviendrons.

Le concept de *variété complexe* est une extension au corps des complexes du concept de variété construite sur le corps des réels.

L'espace-temps, variété complexe

Si les coordonnées réelles des cartes sont remplacées par des *coordonnées complexes*, la condition de collage hausdorffien structurant l'espace des coordonnées en variété est remplacée par le *prolongement analytique d'une fonction holomorphe*. Le respect de cette condition dote l'espace d'une structure de n-variété *complexe*.

Dans le cas simplifié d'une 1-variété complexe (correspondant à une surface réelle plongée dans l'espace habituel à trois dimensions) la condition d'holomorphicité impose aux différents systèmes de coordonnées des cartes
$$z = x + iy, \; Z = X + iY$$
de satisfaire aux *équations de Cauchy-Riemann* :

$$\frac{\partial X}{\partial x} = \frac{\partial Y}{\partial y}, \frac{\partial X}{\partial y} = -\frac{\partial Y}{\partial x}$$

Dans le cas général d'une n-variété complexe, il y a plusieurs coordonnées complexes et les conditions d'holomorphicité sont plus difficiles à exprimer. On peut alors considérer la n-variété complexe comme une 2n-variété réelle dotée d'une « structure complexe » par l'intermédiaire d'un opérateur de structure *J* tel que $J^2 = -1$ (cet opérateur correspond au champ de Higgs) et la condition d'holomorphicité se ramène à une condition sur l'opérateur *J* par annulation de son tenseur de Nijenhuis, condition équivalente aux équations de Cauchy-Riemann pour $n \geq 2$.

Les 1-vecteurs $|w\rangle$ et 1-covecteurs $\langle v|$ des espaces tangents et cotangents sont à composantes complexes sur les bases $|dz_j\rangle$ et $\langle dz^i|$; leur produit scalaire s'écrit

$$\langle v|w\rangle = h_i^{j'} \overline{v_{j'}} w^i = \overline{h_j^{i'} w_{i'} \overline{v^j}} = \overline{\langle w|v\rangle}$$

$\langle \overline{dz^{i'}}|$ est la base conjuguée complexe de la base $|dz_i\rangle$

Le tenseur $h(z)$ fournissant la métrique locale est *hermitien*

$$h_i^{j'}(z) = \overline{h_j^{i'}(z)}.$$

Dans le cas d'une 1-variété complexe, la métrique est définie par une seule fonction *holomorphe non nulle* $\phi(z)$ d'une seule variable $z = x + iy$: la 1-variété complexe est une courbe « à torsion » du plan complexe.

L'invariant préservé par l'holomorphisme est le *laplacien* $\nabla^2 = \dfrac{\partial^2}{\partial x^2} + \dfrac{\partial^2}{\partial y^2}$ des composantes réelles et imaginaires de la fonction holomorphe **ϕ**, qui est toujours nul :

$$\phi = A + iB \quad \Rightarrow \quad \nabla^2 A = \nabla^2 B = 0$$

La fonction holomorphe non nulle prolongée analytiquement (complexe analytique) est donc à la base de la création d'une variété complexe : elle correspond à la fois au collage hausdorffien et au champ de jauge quadrivectoriel non nul et lisse nécessaires à la création d'une variété riemannienne ou pseudo riemannienne réelle.

Topologie d'une variété, séparabilité

A chaque type de fonction complexe analytique correspond un *genre* de variété riemannienne à *topologie* particulière (voir **annexe 5**). Le genre est égal au nombre de « poignées » d'une surface fermée plongée dans l'espace habituel : sphère, tore, « huit », « bretzel »…

Une variété est *simplement connexe* si toute boucle fermée sur la variété peut être réduite continument en un point, comme par exemple sur la sphère. Dans le cas contraire, elle est dite *multiplement connexe*, comme par exemple sur le tore ou le bretzel.

Une variété résultant d'un collage de cartes hausdorffien constitue un espace topologique *séparé*, dans lequel toute suite convergente de points admet une limite unique. Tout espace discret est séparé ; mais un espace discret *non dénombrable*, tout en étant séparé, *n'est pas séparable* (il ne contient pas de sous-ensemble fini ou dénombrable *dense*, dont l'*adhérence* serait l'espace tout entier) : dans ce cas, le collage hausdorffien comprend un nombre de cartes non dénombrable. L'ensemble des réels est un espace séparé et séparable car son sous-ensemble $\mathbb{Q}$ des nombres rationnels, qui est dénombrable, y est dense.

Un espace séparé et séparable a un cardinal inférieur ou égal à $\aleph_S$ avec $\aleph_S = \mathcal{C}^\mathcal{C} = 2^\mathcal{C} > \mathcal{C} > \aleph_0$. Il correspond à la famille de *toutes* les fonctions (pas forcément continues) à valeurs réelles sur un espace continu.

Un espace de cardinal $\aleph_\mathscr{B}$ avec

$$\aleph_\mathscr{B} = \aleph_S^{\aleph_S} = 2^{\aleph_S} = 2^{\mathcal{C}^\mathcal{C}} = \mathcal{C}^{\mathcal{C}^\mathcal{C}} > \aleph_S > \mathcal{C} > \aleph_0$$

n'est pas séparable et a fortiori les espaces de cardinalité supérieure.

Les espaces dénombrables ou analytiques, de cardinalité $\aleph_0$, sont les seuls accessibles au savoir et à l'ordinateur. Les espaces continus (de cardinalité $\mathcal{C}$), les espaces séparables (de cardinalité $\aleph_S$ correspondant aux structures arborescentes ou pyramidales), les espaces non séparables (de cardinalité $\aleph_\mathscr{B}$ correspondant aux structures buissonnantes, en boucles ou maillées) et les espaces de cardinalité supérieure ne sont pas accessibles à la science. Les espaces non séparables recèlent d'ailleurs une redoutable contradiction dans leur définition même qui nécessite qu'ils puissent être mis en relation 1-1 avec d'autres ensembles de cardinalité inférieure, ce qui est impossible puisqu'ils sont inséparables : ils ne sont pas *constructibles,* on ne peut les exhiber algorithmiquement, ils sont à la source du distinguo kantien entre *connaissance théorique* et *connaissance pratique*. Ce sont des vues de l'esprit de négation, fruits d'une sophistique *démonstration par l'absurde* dépassant l'axiome de choix qui postule qu'on peut toujours distinguer, requérant une jauge nulle et une transcendance hors de portée du savoir, rendant la certitude im-probable. Ce fait est à l'origine du scandale grec de de la duplication du cube et de la trisection de l'angle ainsi que du paradoxe de Banach-Tarski (voir plus bas).

Les espaces non séparables sont les espaces de la vie, voie qui se trace elle-même, auto-connexion, *ziran* ou « spontané » du penseur chinois Zhuangzi, flot bergsonien qui coule en lui-même. Ils sont inaccessibles à la science qui s'évertue à essayer de « comprendre l'apparition du vivant », sauf à les doter de connexions réductrices et finalistes, à l'instar du darwinisme ou de la « chimie du carbone ».

La science n'accède qu'au degré $\aleph_0$ de la cardinalité.

Tout espace séparable doté d'une métrique est à base dénombrable et a au plus la puissance du continu. Un espace séparable n'est pas forcément métrisable mais un espace doté de métrique est forcément séparable. Un espace séparé n'est pas forcément séparable.

La totalité, même séparée, c'est-à-dire discrétisée en lambeaux, n'est pas séparable. Cela signifie qu'aucune recomposition *dénombrable* de ces lambeaux ne peut être dense par rapport à la totalité.

Le savoir ne peut adhérer à la totalité.

Une variété constituée par un collage de cartes hausdorffien est *compacte* s'il est possible d'extraire de ce collage un sous-collage fini (un nombre fini de cartes). Toute suite infinie de points sur une variété compacte y possède au moins un point d'accumulation. La compacité permet la *convergence*. Elle nécessite une métrique. Un espace compact métrisable est dit « polonais ».

Le *théorème de Banach-Tarski* démontre qu'il est possible de découper une boule de l'espace $\mathbb{R}^n$ pour $n \geq 3$ en un nombre fini de morceaux pour en faire deux boules identiques à la première à un déplacement près. Mais un tel espace n'est pas métrisable : il n'est pas polonais. Les boules obtenues ne peuvent avoir de « volume ». Ce sont d'insaisissables objets-fantômes. Ce théorème est une conséquence de l'axiome de choix qui affirme la possibilité d'ex-ister un être à jauge nulle. Les boules ne sont pas observables, elles ne sont mesurables qu'avec une jauge nulle. Le volume est un attribut du séparable. Le tout n'a pas de volume et peut être « contenu » dans la tête d'une épingle. Le paradoxe de Banach-Tarski est de même nature que ceux soulevés par les *expériences de pensée* des physiciens qui reposent sur la mesure de ce qui n'est pas mesurable. Ils relèvent de l'*imaginaire* et résultent d'un prolongement abusif de l'usage *régulateur* de la raison en un usage *constitutif*.

La mesure nécessite de partitionner un ensemble en sous-ensembles dénombrables (et donc séparables) et de constituer ceux-ci en tribu borélienne, « diviser selon les espèces » dirait Platon.

L'espace $\mathbb{R}^{\mathbb{R}^{\mathbb{R}}}$ (l'espace de la troisième quantification, des fonctions de fonctions de fonctions, celui du darwinisme) n'est pas séparable. La non-séparabilité, où la partie ne se différencie pas du tout, est une propriété du *vivant* qui rend celui-ci inanalysable. Elle limite la validité de l'axiome de choix et ne permet pas de résoudre analytiquement le problème de l'interaction de trois corps. L'interaction ne peut s'analyser que dans le cadre de relations binaires, relations de type 1-1, dichotomisantes, et devient inanalysable pour des relations de type 1-1-1 et a fortiori de type plus élevé. On ne saurait aligner trois ou davantage de points indépendants.

On ne peut *simultanément* observer un début *et* une fin. La physique qui, comme toute science, est analytique, ne peut travailler qu'avec des relations binaires 1-1 et la relation ternaire 1-1-1 qui est mise en relation *simultanée* de deux relations binaires (observation simultanée de *deux* choses, relativisation de la relativité elle-même ou point de vue de point de vue) lui est inaccessible : l'espace $\mathbb{R}^{\mathbb{R}^{\mathbb{R}}}$ nécessaire pour ce faire (relier deux espaces séparables $\mathbb{R}^{\mathbb{R}}$) n'est pas lui-même séparable et sans séparabilité il faut renoncer à l'axiome de choix et il n'y a plus de physique possible car on ne peut plus rien *distinguer*. On ne peut observer deux choses indépendantes en même temps, deux mesures simultanées sont impossibles : les interactions électromagnétiques ou gravitaires, socles de la physique, se transmettent à une vitesse *c finie.*

Dit autrement, on ne peut « sortir » de l'espace-temps pour « voir » le temps 0 ou la distance 0 : nous sommes condamnés à une irrémédiable immanence, nous ne pouvons nous voir nous-mêmes, il ne peut y avoir de mesure de la mesure, immédiateté kierkegaardienne, ni d'algorithme de tous les algorithmes (voir a**nnexe 6**). *La temporalisation ne peut être temporalisée.* Il ne peut y avoir de « début au temps » sauf dans l'inséparable. Compte tenu de cela, on ne peut définir le début qu'en fonction de la fin (démarche rétro-dictive) ou la fin en fonction du début (démarche prédictive). A jauge non nulle, ces démarches sont irrémédiablement séparées par le bord du présent, spontanéité inanalysable et hors d'atteinte de la physique. Se déplacer sur une « ligne d'univers » reliant un début et une fin est une pure expérience de pensée relevant de l'imaginaire.

C'est le sens profond du mythe de Cronos qui châtra son père puis dévora ses enfants, avant que Zeus, dieu de ruse, ne l'enchaine lui-même au fond de l'insondable Tartare entouré d'une infranchissable muraille d'airain, inaugurant avec son épouse Métis l'implacable âge du fini et de l'utile, conséquence de la *séparation* des dieux et des hommes.

L'utilisation de relations de type 1-1-1 débouche sur des logiques ternaires (une porte peut être ouverte ou fermée, ou ni ouverte ni fermée, ou ouverte et fermée à la fois) et plus généralement des logiques polyvalentes. Lorsque la valence de la logique est infinie, on obtient des *logiques floues* dans lesquelles l'axiome de choix est remplacé par une fonction d'appartenance à valeurs dans l'intervalle [0,1] permettant de définir les sous-ensembles. Dans le cas limite où cette fonction d'appartenance est à valeurs binaires {0,1} , on retombe sur la logique classique aristotélicienne de la relation 1-1. Les logiques polyvalentes et floues ne permettent plus la mise en relation binaire ; elles sont relatives à des ensembles inclassables les uns par rapport aux autres, incomparables, que la science ne peut appréhender : *ces ensembles relèvent de possibles, corrélatifs de logiques fabriquées à cet effet.* Elles produisent des mondes parallèles, incommunicables, un poly-univers dans lequel le probable est remplacé par le possible.

La totalité est possible mais non probable, sauf à adopter une jauge nulle, débouchant alors sur une logique dégénérée et aoriste, celle de l'imaginaire et du rêve, où tout devient possible. Cette dégénérescence ne peut être levée qu'en *postulant* l'axiome de choix qui brise la monade et sépare le 0 et le 1 par *création* d'un couple dyadique corrélatif du rien/quelque chose, création arbitraire antérieure à la science et la conditionnant.

Après la découverte du scandale de l'irrationalité, les philosophes grecs découvrirent celui de la non-séparabilité en constatant qu'ils ne pouvaient pas construire tous les nombres uniquement à l'aide de la règle et du compas. Seuls les nombres stables en $\sqrt{2}$ (c'est à dire issus du groupe fini $\mathbb{F}_4$ correspondant à la tétrade pythagoricienne : voir **annexe 4**) peuvent l'être : 1, 2, 3, 4, 5, 6, 8, 10,

$\sqrt{2}, \sqrt{3}, \sqrt{5}$, le nombre d'or $\frac{1+\sqrt{5}}{2}$, par exemple. Le premier nombre entier non constructible, le nombre 7 (le nombre « vierge sans mère ») revêt une grande importance dans le symbolisme religieux. Les savants grecs ne purent, du fait de l'inséparabilité de l'espace $\mathbb{R}^{\mathbb{R}^{\mathbb{R}}}$ issu de la triade (la tri-unité ou trinité, triangle scalène aux trois côtés discernables qui transcende le cercle monofocal en l'ellipse bifocale), résoudre les défis de la duplication du cube et de la trisection de l'angle, de même que les physiciens modernes ne peuvent unifier les forces électromagnétiques, électrofaibles, électrofortes qu'au prix d'une « bancalité » dont la dissymétrie gauche/droite et le boson de Higgs sont l'expression. C'est la signification profonde du mythe d'Héphaïstos devenu boiteux et artisan après avoir été précipité du ciel.

L'inséparabilité caractérise le *vivant :* elle se traduit par la rétro-action et les diagrammes en boucle. Une de ses manifestations est la *division cellulaire,* représentation utilisée par la biologie moderne. C'est le résultat d'une vision du monde séparante, qui sépare l'ellipse en deux cercles dont l'ellipse est la transcendée.

La non-séparabilité des espaces de cardinalité supérieure ou égale à 2^{C^C} est probablement (mais par l'absurde) à la source du fameux théorème de Fermat : une fonction de fonction de fonction non triviale ne peut être décomposée en un produit de deux fonctions de fonction de fonction :

$$\not\exists \ a,b,c \in \mathbb{Q} \text{ tels que } a^3 + b^3 = c^3 \iff$$
$$\not\exists \ f,g,h \in \text{ ensemble des fonctions analytiques de } \mathbb{R} \text{ sur } \mathbb{R}$$
$$\text{telles que } f[f[f]] \circ g[g[g]] = h[h[h]]$$
$$(\text{sinon } \mathbb{R}^{\mathbb{R}^{\mathbb{R}}} \text{ serait séparable})$$

Cette non-séparabilité est aussi, sans doute, à l'origine de l'impossibilité de trouver un algorithme permettant la génération de l'ensemble des nombres premiers.

Elle engendre de nombreuses apories, dont une des plus célèbres est l'argument (dit *dominateur*) des Mégariques qui plongea les philosophes de l'Antiquité dans l'embarras : en admettant la nécessité du passé et la séparation du possible et de l'impossible on aboutit à l'exclusion de la contingence et donc au déterminisme impossible à concilier avec la liberté humaine. Pour préserver le libre-arbitre de l'homme, *la contingence doit être nécessaire,* comme le redécouvrit Gödel, sans voir, semble-t-il, que contingence et nécessité sont inséparables.

La non-séparabilité rend inopérantes les algèbres booléennes, issues de la logique aristotélicienne avec son tiers exclu, ainsi que la logique probabiliste causale assise sur le théorème de Bayes. Mais elle est inhérente à un monde tri-unitaire scalène, qui ne peut jamais « tomber juste » : les différentes symétries ne se raccordent pas, ce qu'expriment les nombres *premiers.* D'où les insondables mystères et multiples conjectures diophantiennes de la théorie des nombres (arithmétique), mathématique des mathématiques, science des relations de l'un au multiple et du tout à la partie, base des combinaisons, du calcul des probabilités et de la mécanique quantique. Mystères sur lesquels repose la cryptographie moderne et qui rendent vaine la recherche de constituants ultimes de la matière.

D'où également les âpres disputes, qu'elles soient de nature scientifique, philosophique ou religieuse, suscitées par l'inséparabilité.

La non-séparabilité et non ordonnabilité de la totalité ne permettent pas d'appliquer à celle-ci la méthode cartésienne, consistant à partir du simple pour passer graduellement au composé : « *conduire par ordre mes pensées, en commençant par les objets les plus simples et les plus aisés à connaître, pour monter peu à peu, comme par degrés, jusques à la connaissance des plus composés, et supposant même de l'ordre entre ceux qui ne se précèdent point naturellement les uns les autres. »* (troisième précepte de la méthode). La séparation du non-séparable, socle de la méthode cartésienne, est une source inépuisable d'antinomies et d'apories, que Socrate met à profit pour plonger ses interlocuteurs dans la confusion : elles ont alimenté en leur temps le fonds de commerce des dialecticiens sophistes grecs, capables de réfuter et démontrer les mêmes thèses. La séparation est plongement dans la vacuité.

Comme $\aleph_S^{\aleph^S} = 2^{\aleph^S} = \aleph_{\cancel{S}}$, l'ensemble de tous les systèmes séparables n'est pas séparable et ne peut donc être lui-même constitué en système : dit autrement, il ne peut y avoir de super-vision rationnelle du monde englobant toutes les visions rationnelles du monde. Le projet kantien de constitution d'une *architectonique de tout le savoir humain* est irréalisable : le savoir des savoirs n'est pas encodable sur le ruban d'une machine de Turing universelle, ce ruban fût-il d'une longueur infinie (voir **annexe 6**).

La présomption du philosophe des Lumières transparait au travers de ces lignes :

«Aussi non seulement chacun d'eux (les systèmes) est-il en soi articulé suivant une idée, mais, en outre, ils sont tous à leur tour unis entre eux de manière finale, comme autant de membres d'un tout, dans un système de la connaissance humaine, et ils permettent une architectonique de tout le savoir humain, qui, aujourd'hui que beaucoup de matériaux sont déjà rassemblés ou peuvent être tirés des ruines d'anciens édifices écroulés, non seulement serait possible, mais même ne serait guère difficile... »
(Kant, Critique de la raison pure, 2éme édition, III, 540, 1787)

Le savoir des savoirs ne peut être ordonné et ne peut donc être un savoir. La logique algorithmique, comme toute logique, est injustifiable par elle-même. Sa mise en œuvre par l'intelligence artificielle, dans les « réseaux de neurones » par exemple, se heurtera toujours à l'infranchissable barrière de l'explicabilité. L'intelligence, qu'elle soit artificielle ou pas, restera à jamais une « boîte noire » qu'il faut alimenter par des « bases de données » génératrices de diagnoses ou classifications, bords dépositaires d'une vision du monde *préjugée*, autrement dit d'une *croyance*. La compréhension est toujours tributaire d'une croyance injustifiable. La machine, qui ne peut croire, peut apprendre, mais ne peut rien apprendre d'*original*, sinon de celui qui l'utilise.

L'inséparabilité de l'espace $\mathbb{R}^{\mathbb{R}^{\mathbb{R}}}$ est le mur de Planck de la mathématique, sur lequel vient buter le savoir analytique.

Un espace compact est un espace fermé *et* borné. Une variété hausdorffienne compacte est à la fois fermée et bornée. Un espace fermé est un espace dont le complémentaire est un ouvert. Un espace fermé contient ses points d'accumulation. Un espace fermé mais non borné, tel que le segment $[0,+\infty[$ sur la droite $\mathcal{R}$ par exemple, n'est *pas* compact. La fermeture est une notion *topologique*, la compacité est une notion *métrique*.

Une variété ou une partie de variété peut être à la fois ouverte et fermée, ou ni ouverte ni fermée. *La totalité et la singularité sont à la fois ouvertes et fermées, et ni ouvertes, ni fermées*. Sur une variété *connexe*, les seules parties qui puissent être à la fois ouvertes et fermées sont la variété dans son ensemble et l' « ensemble vide » ; mais cet ensemble vide est un vide *particulier*, relatif à la variété *par référence à un espace de plongement*.

La compacité nécessite une métrique, tandis que la fermeture est une notion topologique, liée à celle de « bord » : un espace ne peut être fermé que si on le plonge dans un espace qui l'enferme ; son complémentaire dans cet espace de fermeture est ouvert. Ouverture et fermeture sont corrélatives dans l'espace de plongement et n'ont aucune autonomie.

Deux variétés sont topologiquement équivalentes si elles sont *homéomorphes*, c'est-à-dire si elles ont la même forme à une déformation « élastique » près (telles les déformations de baudruche). Une variété est dite « sans bord » si chacun de ses points y possède un voisinage homéomorphe au disque unité *ouvert*. Une surface sans bord est une variété sans bord de dimension 2, bornée, connexe et compacte : par exemple la sphère ou le tore.

Toutes ces notions fondamentales liées à la séparabilité, à la fermeture, à la connexité, à la compacité, à la métrique sont subtiles et les scientifiques n'y prêtent pas toujours une très grande attention, en vertu de l'adage bien connu : « l'intendance suivra », tout en légitimant par ailleurs leur démarche par sa rigueur mathématique.

« C'est qu'il est beaucoup plus facile d'étudier un sujet bien délimité et particulier, que toute une discipline. Les mathématiciens explorent leur domaine dans toutes les directions ; pour un physicien, cela va beaucoup plus vite de les rattraper dans telle ou telle direction si besoin est, que de suivre pas à pas ce qui se fait sous prétexte que ça pourrait peut-être un jour être utile. »
(Richard Feynman, interview de la revue Omni, 1979)

Il en résulte beaucoup de confusions et d'incompréhensions, qui se traduisent en « paradoxes », dont le paradoxe dit « EPR », lié à la non-séparabilité, constitue un cas d'école (voir **annexe 7**).

L'intendance s'arrête au seuil de la singularité/totalité qu'elle recouvre d'un voile de censure par le truchement des relations d'incertitude, conséquence d'une jauge non nulle.

Les propriétés topologiques des variétés correspondent à des structures *non locales*. Elles sont à l'origine des notions de *région*, de *bord* de région, sur lequel on introduit des « conditions aux limites », de *chemin*, d'*orientation*, et d'équivalence de chemins sous des déformations continues. Toutes ces notions supposent le *plongement* d'un espace dans un autre, qui peut lui-même être plongé dans un autre et ainsi de suite sans que le processus de plongement ne puisse jamais s'arrêter. Bord et espace de plongement sont corrélatifs et n'ont aucune autonomie. Les bords de variétés, à la source de l'analogie, de l' « archétype » des psychologues jungiens, du symbole, constituent les points de refoulement de l'arbitraire et de l'indéterminisme (voir **annexe 5**).

« Le symbole est chiffre et silence ; il dit et ne dit pas. On ne l'explique jamais une fois pour toutes ; il s'épanouit au fur et à mesure que chaque conscience est appelée par lui à éclore, c'est-à-dire à en faire le chiffre de sa propre transmutation. »
(Henry Corbin, Histoire de la philosophie islamique, 1964)

Cela permet de désagréger le tout en lambeaux connectés, ces connexions étant elles-mêmes décomposées en classes de connexions : les classes d'*homologies* et d'*homotopies*. Nous y reviendrons.

Le théorème fondamental du calcul différentiel extérieur (*théorème de Stokes*) établit que l'intégrale d'une p-forme φ sur le bord orienté $\partial \mathcal{R}$ d'une région *compacte* $\mathcal{R}$ est égale à l'intégrale de sa dérivée extérieure $d\varphi$ sur la région $\mathcal{R}$

$$\int_{\partial \mathcal{R}} \varphi = \int_{\mathcal{R}} d\varphi$$

Les avatars du théorème de Stokes sont les formules de Green-Riemann, d'Ostrogradsky, d'Ampère, qui reposent toutes sur ces structures à caractère topologique *orientées non locales* des variétés riemanniennes : elles permettent l'*intégration le long d'un chemin*, intégration dépendant de la topologie de la variété.

L'intégration pose problème si les variétés ne sont pas compactes métrisables (cas d'une jauge nulle) ou présentent des singularités (trous, déchirures) : « la nature a horreur du vide ». Ces difficultés sont masquées par la censure cosmique, à l'origine des cônes de lumière, des trous noirs. Cela explique notamment qu'aucune cosmogonie n'est consistante. Le bord de l'univers est insaisissable, improbable, c'est l' « a-peiron » d'Anaximandre, indéfini-indéterminé des relations d'indétermination. Nous y reviendrons.

Les variétés complexes sont constituées de cartes assemblées deux à deux au moyen de *fonctions de transition holomorphes* qui caractérisent le collage hausdorffien. L'ensemble des fonctions de transition entre les coordonnées de deux cartes superposées est doté d'une relation d'équivalence définissant des classes de cohomologie des faisceaux de fonctions holomorphes : ce sont des *hyperfonctions*, définies à partir de « valeurs au bord » de fonctions holomorphes définies sur un ouvert de $\mathbb{R}^n$ (voir **annexe 8**).

Ces classes indiquent comment a été réalisé *globalement* le collage hausdorffien et notamment à quel type de « torsion » ce collage fait appel : localement, la torsion ne se manifeste pas, seule la *courbure*, conséquence de la métrique locale, caractérise la variété riemannienne ou complexe. La *torsion* ne se manifeste que globalement et provoque la variation de la courbure locale. *Le global est corrélatif du local*. La courbure locale se révèle par la torsion globale et vice-versa.

Les invariants de recouvrement, qui disparaissent localement, constituent les classes de cohomologie des faisceaux holomorphes. Ils correspondent à des champs de spins et sont à l'origine de l'orientation des variétés riemanniennes (voir **annexe** 5). Leur essence est l' « élément de cohomologie ».

Courbure locale et torsion globale caractérisent une variété riemannienne ou complexe obtenue par un collage hausdorffien ou un prolongement analytique d'une fonction holomorphe, elles correspondent à la masse (notion locale) et au spin (notion globale).

Localement, le spin est « globalement », c'est-à-dire macroscopiquement, nul, la variété riemannienne est assimilée à sa sphère osculatrice à courbure constante dans toutes les directions. Ce point de vue débouche sur une vision d'un local/global spatialisante, exprimée par la rotation-translation, qui est celle de la cosmologie théorisée par la relativité générale, physique du temps mort. L'approche *microlocale* par les hyperfonctions, est temporalisante : c'est la vision d'un local/global vu comme cohéré/décohéré, exprimée par la « réduction de la fonction d'onde », celle de la physique quantique, physique du temps vivant. *Ces deux approches tout en étant corrélatives sont irréductibles l'une à l'autre.* Nous y reviendrons.

Les hyperfonctions, fonctions analytiques de fonctions analytiques, et les types de variétés complexes qui leur correspondent opèrent une discrétisation dénombrable de l'ensemble des fonctions continues : ce sont les champs quantifiés de la théorie quantique des champs, couture analytique de lambeaux analytiques de la totalité, objet de la *deuxième quantification.*

Les cohomologies de faisceaux holomorphes permettent de fabriquer des continuums spatio- temporels compatibles avec des valeurs au bord, ou conditions aux limites, *choisies* par l'acte préréflexif de mesure (ou réduction de la fonction d'onde) à l'origine de la temporalisation. Elles correspondent au *temps mort* des trois *ek-stases* de la temporalité : passé, présent, avenir (voir **annexe 9**).

Fibrage des formes temporo-spatialisées

Les espaces de formes *leptoniques* $|\varphi\rangle$, formes à symétrie de jauge globale U(1) indépendante de la temporo-spatialisation, quantifiées par leurs charges, sont « situées », fibrées sur l'espace-temps structuré en variété riemannienne.

On représente ainsi :

- les leptons *électroniques* : formes du type
$$(x^0 \wedge x^1) \wedge |\varphi\rangle$$

- les leptons *muoniques* : formes du type
$$(x^0 \wedge x^1 \wedge x^2) \wedge |\varphi\rangle$$

- les leptons *tauiques* : formes du type
$$(x^0 \wedge x^1 \wedge x^2 \wedge x^3) \wedge |\varphi\rangle$$

où les x^0, x^1, x^2, x^3 représentent respectivement la variable temporelle et les trois variables spatiales.

De même, on fibre sur la variété spatio-temporelle les espaces de formes *hadroniques* formés par complexification de 1-formes *non* autonomes (les *quarks*) telles que $|\varphi\rangle \wedge |\psi\rangle$ ou $|\varphi\rangle \wedge |\psi\rangle \wedge |\chi\rangle$ (formes indépendantes de la temporo-spatialisation, à symétrie de jauge globale SU(2) ou SU(3), quantifiées par leurs charges spécifiques : isospin faible pour les formes mésoniques, hypercharges ou couleurs pour les formes baryoniques).

On représente ainsi, par exemple:

- les mésons électroniques : formes du type
$$(x^0 \wedge x^1) \wedge (|\varphi\rangle \wedge |\psi\rangle)$$

- les mésons muoniques : formes du type
$$(x^0 \wedge x^1 \wedge x^2) \wedge (|\varphi\rangle \wedge |\psi\rangle)$$

- les mésons tauiques : formes du type
$$(x^0 \wedge x^1 \wedge x^2 \wedge x^3) \wedge (|\varphi\rangle \wedge |\psi\rangle)$$

Les formes de la famille électronique peuvent également être fibrées sur des 1-variétés complexes en utilisant les nombres complexes « normaux ». Les formes muoniques peuvent être fibrées sur des 2-variétés complexes, utilisant les nombres complexes quaternioniques et les formes tauiques sur des 3-variétés complexes, utilisant les nombres complexes octonioniques.

Le fibrage sur l'espace-temps des formes à symétrie de jauge globale impose que la jauge devenue locale reste invariante d'un point x à un autre : *l'espace-temps est corrélatif de la jauge.*

L'invariance de la jauge locale implique de *définir une symétrie continue sur la variété, une connexion de jauge,* autrement dit définir ce qu'est la constance d'un vecteur, et plus généralement d'un tenseur, en deux points différents d'une variété riemannienne générée par un champ de jauge quadrivectoriel non nul et lisse $\{\phi(x), \xi^i(x)\}$ ou une fonction holomorphe ϕ.

La définition de cette constance, ou invariance de jauge locale, débouche sur les notions de *transport parallèle* et de *dérivée covariante* qui permettent de *connecter* les variétés riemanniennes.

Transport parallèle, dérivée covariante et connexion

Pour définir le transport parallèle, il est nécessaire de « plonger » une variété riemannienne de dimension ***n*** dans un « *espace de plongement* » de dimension $\frac{n(n+1)}{2}$.

Ce faisant, *on transgresse le principe de Mach* qui interdit la notion même d'espace de plongement comme non conforme au principe de relativité générale. En effet, admettre l'espace de plongement, c'est *postuler* l'existence d'un « point de vue » de référence absolu.

Ce postulat contient en germe toutes les difficultés inhérentes à une appréhension de l'espace-temps, variété riemannienne issue du *continu*, dans le cadre d'une approche analytique, notamment celle de la mécanique quantique, qui repose sur le *discontinu*, le *discret*. La mécanique quantique « ne marche pas » et ne marchera jamais pour rendre compte de la totalité. En revanche, si l'on *réduit par isolement* cette totalité à un monde quantique, de mesure nulle par rapport à elle, autrement dit si l'on accepte de ne voir qu'un monde mutilé par le codage/décodage quantique, de couper ce que l'on ne comprend pas, on restitue tout son pouvoir au déterminisme au prix d'une permanente aliénation. L'obscur et inaccessible Tartare est la prison réservée à Cronos et ses alliés Titans par Zeus, dieu de clarté garant de l'ordre cosmique et de la réalisation des destinées filées par les Parques, filles de Nécessité.

Discontinu et continu, bien que séparés par le néant, constituent deux régions incommunicables de l'être et sont un avatar de la dualité rien/quelque chose. Le continu ne peut « sortir » du discontinu, il le transcende : les nombres « dénombrables » ou algébriques, ceux de la mécanique quantique, sont incommensurables avec les nombres « réels » ou transcendants. La science ne peut être que réductrice, car elle ne peut appréhender que des relations 1-1, binaires, entre ensembles ayant la puissance du dénombrable, relations infiniment plus pauvres, plus restrictives que l'ensemble des relations entre ensembles ayant la puissance du continu. L'ensemble des relations entre dénombrables est de mesure nulle par rapport à l'ensemble des relations entre ensembles continus.

Le savoir, quel que soit son domaine, repose sur la relation binaire, fondement de la relativité générale. Une mise en relation plus riche est hors de sa portée. C'est la raison d'être de l'interdit machien : *la physique ne peut traiter que des relations « un à un »*, elle ne peut mettre en relation plus de deux ensembles à la fois et à fortiori tous les ensembles à la fois. Le problème de la mécanique « à trois corps » est insoluble analytiquement avec une jauge non nulle.

C'est aussi la raison d'être de l'*axiome de choix* qui fonde la démarche analytique : à partir de *tout* ensemble A de sous-ensembles non vides, on *postule* qu'il est possible de former un ensemble B contenant *exactement un élément* de *chacun* des sous-ensembles de l'ensemble A, ce qui permet de mettre en relation 1-1 les deux ensembles, autrement dit de constituer des classes d'équivalence cardinalisables. L'axiome de choix est au fondement de la *spécification* : la partie devient alors *espèce* du *genre* auquel elle appartient, elle est « numérisée » au sein d'un ensemble dénombrable fermé, *traitée en tant que pixel-particularité, et non plus en tant que point-singularité,* partie d'un ensemble ouvert. Une espèce est une partie, mais l'inverse n'est pas toujours vrai, comme le rappelait déjà Platon dans la mise en garde de l'Etranger :

« Parce que, s'il arrive qu'une chose soit spécifiée, alors, forcément, quelle que soit la chose dont justement on dit qu'il y a espèce, cette espèce est aussi une partie de la chose ; mais il n'est nullement forcé que la partie soit une espèce…Gardons-nous donc de diviser, […], le regard tourné dans la direction de la totalité globale »
(Platon, Le Politique, 263b, 264a, vers 350 avant JC)

Pour la physique, il ne peut y avoir qu'un seul « corps d'épreuve » fermionique en un point donné de l'espace-temps, que l'on peut soumettre à une multitude *dénombrable* d' « épreuves » (relations ou champs bosoniques) actives en ce point et duales du fermion lui-même et de fermions situés en d'autres points de l'espace-temps. La signification profonde du « comportement exclusif » du fermion et du « comportement grégaire » du boson réside dans l'axiome de choix fondateur de toute démarche scientifique.

La relation binaire ou relation 1-1 est à la source de la relativité générale : c'est la relation de la mise en présence d'autrui, du pour-autrui. Cette relation, spatialisante, est *rotation-translation* (la translation est une rotation de rayon infini) : elle est l'outil de la cosmologie, physique du temps mort géométrisé et de l'infiniment grand.

La relation 0-1 est à la source de la mécanique quantique : c'est la relation de la mise en présence de soi, du pour-soi. Cette relation, temporalisante, est *vibration* : elle est l'outil de la physique quantique, physique du temps vivant et de l'infiniment petit. Infiniment grand et infiniment petit n'ont aucune autonomie : ils sont corrélatifs et se co-fondent, tout comme la relativité générale et la mécanique quantique dont l'ensemble constitue l'assise de la physique actuelle, produit d'une vision dénombrable du monde. Le temps vivant n'est pas une dimension, il *permet la création* des autres dimensions et ne peut être contemplé qu'à partir du néant, de même que le temps mort de la physique, quatrième ou n^{ième} dimension des espaces-temps relativistes ne peut être observé qu'à partir d'un introuvable « espace de plongement ».

L' « espace de plongement » résulte d'un acte transcendant et sous-entend la possibilité de regrouper l'ensemble des relations binaires au sein d'un seul ensemble, absolu et autonome, *dont la science ne peut rendre compte car elle ne peut appréhender d'ensemble de tous les ensembles*.

L'abandon de cet impossible recours à un « espace de plongement » conduit à *discrétiser* l'espace-temps, à le pixelliser, à le *quantifier*, à le réduire en lambeaux pour ensuite les « recoudre » *deux à deux*, c'est-à-dire analytiquement. C'est l'objet de la *gravitation quantique*.

Le transport parallèle et la dérivée covariante sont définis, sans se préoccuper de ces difficultés, afin de concilier la notion de parallélisme avec celle de collage hausdorffien, sur laquelle repose la variété riemannienne. En effet, le collage hausdorffien fait « évoluer » le parallélisme *en fonction* des collages ou *connexions* de régions ouvertes : le parallélisme est fonction de la connexion.

Le parallélisme ne pouvant être rigoureusement défini que par référence à des espaces *plats*, il est nécessaire de « plonger » la variété riemannienne de dimension ***n*** dans un espace plat euclidien $\boldsymbol{E}_N$ de dimension $N = \frac{n(n+1)}{2}$ et d'assimiler *localement* la variété riemannienne à son espace euclidien tangent osculateur $\boldsymbol{E_n}$ ayant le même tenseur métrique ***g*** ainsi que le même tenseur métrique dérivé que la variété riemannienne en ce point de l'espace-temps. Le transport parallèle d'un vecteur et, plus généralement, d'un tenseur du point $\boldsymbol{x}_1$ au point $\boldsymbol{x}_2$ de la variété riemannienne consiste à « plonger », afin de pouvoir les comparer, l'espace $\boldsymbol{E_n}(\boldsymbol{x}_1)$ et l'espace $\boldsymbol{E_n}(\boldsymbol{x}_2)$ dans un *même* espace de plongement « absolu » de référence $\boldsymbol{E}_N$. Si ***n*** est *infini* *dénombrable*, les espaces E_N et E_n se confondent car alors $N = n = \aleph_0$.

Le transport parallèle est une notion *non locale* : il est corrélatif à un *chemin* ou *connexion*. Les composantes dans l'espace de plongement d'un tenseur ou cotenseur transporté parallèlement sur la variété s'obtiennent par *intégration* de leurs variations par référence à l'espace de plongement et par l'intermédiaire de leur dérivée non plus extérieure, mais « *covariante* » le long de ce chemin. La dérivée covariante est dépendante du chemin, de la connexion.

Ces variations s'expriment à l'aide des *symboles de Christoffel* Γ obtenus par dérivation du tenseur métrique lisse $\boldsymbol{g}(\boldsymbol{x})$ exprimé localement en fonction des coordonnées de la carte du collage hausdorffien. Les Christoffel sont des grandeurs tensorielles, *mais ne sont pas des tenseurs* (ils ne satisfont pas aux règles de l'algèbre tensorielle): ils sont dépendants du système de collage de cartes autrement dit du chemin ou connexion ; le parallélisme dépend du collage des cartes.

$$\Gamma_{ijk} = \frac{1}{2}(\frac{\partial g_{ij}}{\partial x^k} - \frac{\partial g_{jk}}{\partial x^i} + \frac{\partial g_{ki}}{\partial x^j}),$$

$$\Gamma^i_{jk} = g^{il}\Gamma_{ljk}, \quad \Gamma^i_{ik} = \frac{1}{2g}\frac{\partial g}{\partial x^k}$$

$$\text{avec } g = |\det g|$$

Le transport parallèle d'un même tenseur le long de deux chemins différents (correspondant à deux collages différents) aboutit en général à deux tenseurs distincts dans l'espace de plongement.

Le chemin est acte transcendant de *création*, inexplicable, qui *crée une liaison* entre différents points de la variété riemannienne et introduit une connexion sur les fibrés de cette variété. Le « fait-mobile » indicatif, point situé mais isolé, injustifiable, devient « évènement attendu-motif » subjonctif, tout à la fois causé (conditionné) et causal sur fond d'une liaison dérivative, autrement dit causale ou historique. La connexion est mémoire et destin : elle crée un passé et un avenir corrélatifs au sein de la contingence spatio-temporelle. L'être-forme devient « situé sur une trajectoire »: il acquiert des possibilités (un potentiel) tributaires de ce passé et de cet avenir. Il se dynamise. La connexion est histoire. L'ordonnabilité requiert la connexion, mais la connexion, ou chemin, est injustifiable et inaccessible à la science.

« Gödel had shown that in mathematics there was no way at all to reach some goals, and Alan [Turing] had shown that there was no mechanical way to decide whether, for a given goal, there was a route or not: Gödel avait montré qu'en mathématiques il n'y avait pas du tout de chemin pour atteindre des buts, et Alan [Turing] avait montré qu'il n'y avait pas de moyen accessible à la machine pour décider si, pour un but donné, il y avait un itinéraire ou non. »
(Andrew Hodges, Alan Turing, The Enigma of Intelligence, IV The Relay Race, 1983)

Cette indémontrabilité de la connexion transparaît dans les aphorismes attribués à Lao Tseu, père fondateur de la tradition taoïste chinoise :

« La voie chose vague indistincte
Si indistincte et si vague
En elle sont les symboles
Si vagues et si indistincts
En elle sont les êtres
Si secrets et si dérobés »
(Livre de la voie et de la vertu, IVème - IIIème s. av. JC ?)

C'est ainsi que la connexion *créative* permet à l'anthropologie de passer d'une musaraigne asiatique ou d'un grand singe africain à l'homo sapiens, et à l'histoire marxiste de passer successivement d'une société féodale à une société capitaliste, puis à une société socialiste, puis à une société communiste, puis à une société sans classes. La connexion s'exprime par exemple par le truchement du couple corrélatif « individu/milieu » interagissant par un processus algorithmique du type « sélection naturelle » et débouche sur une vision « évolutionniste », théorisée par le darwinisme. Plus généralement, la connexion sous-tend tous les processus dits d'apprentissage ou d'adaptation par le biais d'algorithmes « génétiques » de sélection déterministe représentant le jeu du hasard et de la nécessité, avatar du rien/quelque chose. On ne peut parler d'évolution sans avoir *préalablement choisi* un chemin, une connexion, corrélatifs de cette évolution : évolution et connexion se cofondent. Toute évolution particulière dépend d'un chemin *choisi*, d'où son caractère téléonomique. L'évolution est entéléchie. C'est ainsi que dans l'histoire marxiste se succèdent *nécessairement* les sociétés claniques, féodales, capitalistes, socialistes, communistes et sans classes. Une fugue de Bach est connexion. La connexion à jauge nulle *détermine* une courbe à partir du moindre fragment de cette courbe. Elle est à l'origine de l'historisme des philosophies hégéliennes.

La connexion remplace la dérivée extérieure « droite », dont l'intégration est indépendante du collage de cartes, par une dérivée « courbe », la dérivée covariante, dont l'intégration est dépendante du collage de cartes : *la connexion en général ne préserve pas les symétries locales, les essences*. Seule l'adoption d'un collage de cartes adéquat, autrement dit d'une connexion particulière, une *connexion de jauge globale*, permet de préserver les symétries qu'on souhaite préserver et le déterminisme qui en résulte : *le déterminisme est restitué, mais au prix d'une vision « connectée », donc restreinte, mutilée dans ses degrés de liberté, conditionnée par ce que l'on veut voir, une vision « anthropisée »*.

Comme la dérivée extérieure « droite » d, la « dérivée covariante » ou dérivée « courbe », est un opérateur covectoriel, noté ∇.

$\nabla_\xi \eta(x)$ représente la dérivée covariante du vecteur η dans la direction du vecteur ξ au point x de la variété riemannienne: elle correspond, *par référence à l'espace de plongement*, à la variation du vecteur η lors d'un déplacement *parallèle* de celui-ci dans la direction ξ sur la variété riemannienne.

L'opérateur ∇ est linéaire :

$$\nabla_{\xi+\eta} = \nabla_\xi + \nabla_\eta \Rightarrow \nabla_\xi = \xi^a \nabla_a$$

Il agit sur les vecteurs et plus généralement sur les tenseurs des espaces tangents et cotangents selon des règles analogues à celles de l'opérateur d de différentiation extérieure et à la loi de Leibniz :

$$\nabla(\xi + \eta) = \nabla\xi + \nabla\eta$$
$$\nabla(\lambda\xi) = \lambda\nabla\xi + \xi\nabla\lambda$$
$$\nabla\phi = d\phi$$
$$\nabla(T + U) = \nabla T + \nabla U$$
$$\nabla\langle T | U \rangle = \langle \nabla T | U \rangle + \langle T | \nabla U \rangle$$

ξ et η sont des vecteurs, λ et ϕ des scalaires,

T et U des tenseurs quelconques de même valence.

L'opérateur d de dérivation « droite » correspond à une connexion triviale : la connexion liée à la carte, dans la direction des axes de coordonnées. Dans ce cas particulier

$$\nabla_a = \frac{\partial}{\partial x^a} \ .$$

La dérivée covariante d'une 0-forme ou scalaire est égale à sa dérivée extérieure : c'est un gradient. Elle est indépendante de la connexion.

La différence entre les deux opérateurs ∇ et d s'exprime en fonction de la grandeur tensorielle Γ constituée par les symboles de Christoffel:

$$(\nabla - d)\xi = \Gamma.\xi \Leftrightarrow \nabla_a \xi^b = \frac{\partial \xi^b}{\partial x^a} + \Gamma^b_{ca}\xi^c$$

$$(\nabla - d)\alpha = -\Gamma.\alpha \Leftrightarrow \nabla_a \alpha_b = \frac{\partial \alpha_b}{\partial x^a} - \Gamma^c_{ab}\alpha_c$$

$$(\nabla - d)T = \Gamma.T$$

$$\Leftrightarrow \nabla_a T^c_{bd} = \frac{\partial T^c_{bd}}{\partial x^a} - \Gamma^e_{ab}T^c_{ed} + \Gamma^c_{ea}T^e_{bd} - \Gamma^e_{da}T^c_{be}$$

où ξ est un vecteur, α un covecteur et T un exemple de tenseur.

Le produit extérieur (tensoriel) antisymétrisé de deux opérateurs de dérivation covariante est appelé *dérivée de Lie* :

$$\pounds_\xi \eta = \nabla_\xi \eta - \nabla_\eta \xi = [\xi, \eta]$$

Il est à l'origine de deux *tenseurs*, donc indépendants de la carte,

$$[\nabla_a, \nabla_b]\phi = \tau^c_{ab}\nabla_c\phi$$

$$[\nabla_a, \nabla_b]\xi^d = R^d_{abc}\xi^c + \tau^c_{ab}\nabla_c\xi^d$$

pour tout quadrivecteur lisse et non nul $\{\phi, \xi\}$. R^d_{abc} est le *tenseur de courbure* et τ^c_{ab} le *tenseur de torsion* de la variété riemannienne.

Tout savoir et notamment toute physique repose sur la *symétrie de jauge* qui impose que l'essence de la mesure (la jauge) soit préservée : tout le monde doit observer la même chose, le même « ceci », la même « distance », qu'il soit sur terre, chez les Martiens, au $21^{\text{ème}}$ siècle ou chez les Assyriens. La préservation de la distance, définie par le tenseur métrique, impose une connexion ∇ particulière sur la variété riemannienne, respectant la condition : $\nabla g = 0$.

Dans le cas d'une métrique lorentzienne, cette condition (complétée éventuellement par la condition d'annulation locale de la torsion si celle-ci n'est pas nulle) définit une connexion *unique* (c'est une chance !) sur la variété riemannienne, appelée *connexion de Christoffel ou de Levi-Civita*.

De cette connexion découle le tenseur de courbure en tout point de la variété. *Courbure et tenseur métrique sont corrélatifs.*

A partir du tenseur symétrique de Ricci R_{ab} obtenu par contraction du tenseur de courbure et de la courbure scalaire R obtenue elle-même par contraction du tenseur de Ricci on obtient le *tenseur d'Einstein*

$$S_{ab} = R_{ab} - \frac{1}{2} g_{ab} R$$

dont la dérivée covariante est nulle :

$$\nabla^a S_{ab} = 0$$

Le *choix* d'une métrique, résultant d'une vision particulière du monde, et l'exigence d'invariance de jauge, permettent donc de définir une connexion et une courbure sur la variété riemannienne d'espace-temps : le collage de cartes hausdorffien devient tributaire de la métrique, du

« territoire » que ces cartes sont censées décrire. Carte et territoire se co-fondent.

Les vecteurs **κ** tels que $\underset{\kappa}{\pounds}\, g = 0$, appelés *vecteurs de Killing*, sont les générateurs de symétries continues de la variété riemannienne, à l'origine des *lois de conservation de la physique correspondant à la métrique adoptée*. Ces lois sont « indépendantes » de l'espace et du temps, elles sont universelles, d'où leur nom.

Mais elles nécessitent un collage de cartes particulier pour être préservées, autrement dit un espace-temps qui leur soit adapté : elles sont *relativistes*. Lois de conservation et espace-temps sont corrélatifs.

Pour l'espace-temps minkowskien $\mathcal{M}$, corrélatif de la pseudo métrique lorentzienne (à signature + - - -), ces symétries correspondent à celles du *groupe de Poincaré* à 10 dimensions (10 vecteurs de Killing indépendants) :

- 4 symétries de translation (dont une temporelle correspondant à la conservation de l'énergie et trois spatiales correspondant à la conservation de la tri-impulsion)
- 6 symétries de rotation (dont trois purement spatiales correspondant aux trois composantes du moment angulaire et trois au mouvement du centre de masse)

Ce sont les 10 lois de conservation du *théorème de Noether*, à rapprocher des dix hiérarchies célestes de la kabbale ou des dix « intelligences » *séparées* de la cosmogonie ismaélienne.

Sur les variétés minkowskiennes $\mathcal{M}$ à pseudo métrique lorentzienne, on déduit de la connexion $\nabla g = 0$ l'équation invariante relativiste de *Klein-Gordon* qui régit le comportement des particules libres relativistes massiques, mais dénuées de spin, telles que les mésons **π** (les pions) :

$$\Box = \nabla^i \nabla_i = \nabla_i \nabla^i = -M^2$$

$\Box$ est l'opérateur laplacien généralisé ou « d'alembertien » et $M = 2\pi \frac{\mu}{h}$ correspond à la masse au repos ***µ*** de la particule divisée par la constante de Planck.

Dans le cas des particules libres relativistes massiques *et* pourvues de spin, telles que les électrons, on obtient l'équation invariante relativiste de *Dirac* :

$$\Box = \partial\!\!\!/^2 = -M^2 \implies \partial\!\!\!/ = \pm iM$$

avec $\partial\!\!\!/ = \gamma^i \nabla_i = \gamma_i \nabla^i$ où les γ_i sont les éléments de l'algèbre de Clifford lorentzienne :

$$[\gamma_a, \gamma_b]_+ = 2\, g_{ab} \text{ et } \gamma^a = g^{ab} \gamma_b$$

La connexion de Christoffel définit des courbes sur une variété riemannienne ou pseudo riemannienne qui minimisent la distance d'un point à un autre lorsque le tenseur ***g*** est défini positif (variété riemannienne) ou qui correspondent à des chemins stationnaires lorsque le tenseur ***g*** n'est pas défini positif (variété pseudo riemannienne) : ce sont des *géodésiques*. Les géodésiques de l'espace-temps minkowskien maximisent le temps propre, elles correspondent aux mouvements inertiels, en « chute libre ».

Une métrique définie par un tenseur lisse ***g*** détermine donc une connexion particulière ∇ sur la variété riemannienne, telle que $\nabla g = 0$ et détermine donc une courbure de la variété. *Cette connexion-courbure n'est rien d'autre que la gravité.* Nous y reviendrons.

Les symboles de Christoffel peuvent être interprétés comme un *champ de jauge* fournissant une connexion du fibré tangent de la variété riemannienne.

La notion de transport parallèle définie à partir du fibré tangent d'une variété riemannienne peut être généralisée à un fibré quelconque sur cette variété, les fibres possédant alors des dimensions *internes* et non plus simplement *externes* (spatio-temporelles). La notion de « transport parallèle » est alors remplacée par celle de « transport constant » corrélatif à une section « horizontale » du fibré. Cela nécessite de briser l'affinité de chaque fibre, d'y introduire un zéro.

La connexion qui en résulte pour le fibré, ou *connexion de jauge locale* est une connexion entre les référentiels des fibres aux différents points du fibré. Elle correspond aux champs d'interaction bosoniques ou *champs de jauge locaux*. Les bosons sont considérés comme les « porteurs des interactions » entre les fermions représentant la matière chargée. Ce sont des *bosons de jauge* : photons pour l'interaction électromagnétique à symétrie U(1), bosons **W**$^+$ **W**$^-$ **Z**^{0} pour l'interaction électrofaible à symétrie SU(2), gluons pour l'interaction électroforte à symétrie SU(3) (voir **annexe 3**).

Les sections de fibré correspondent aux *champs de matière* (fermioniques pour les particules massiques pourvues de spin ou bosoniques pour les particules massiques dépourvues de spin).

L'opérateur de dérivation covariante ∇ correspondant à la connexion de jauge locale est tel que :

$$\nabla_a = \frac{\partial}{\partial x^a} + iqA_a$$

où **q** représente la charge des champs de matière.

La 2-forme antisymétrique *F* à dérivée extérieure nulle correspondant au champ d'interaction (par exemple électromagnétique) s'interprète comme la courbure du fibré dans les différentes directions de sa base.

$$dF = 0 \Rightarrow F = 2dA$$
$$F_{ab} = \nabla_a A_b - \nabla_b A_a = -F_{ba}$$

La grandeur A, appelée *potentiel de jauge*, caractérise les champs de jauge correspondant aux différentes interactions. Elle est définie à un gradient $d\Theta$ près car la dérivée extérieure d'un gradient est nulle. *Elle ne peut donc être mesurée* et permet une « liberté de jauge » représentée par la connexion de jauge de Lorentz : $A \rightarrow A + d\Theta$

Dans le cas de l'interaction électromagnétique, les fibres sont à symétrie de jauge U(1), et le groupe de symétrie de jauge est *abélien*. Les champs de jauge sont maxwelliens.

Dans le cas de l'interaction électrofaible, les fibres sont à symétrie de jauge SU(2) et dans celui de l'interaction forte à symétrie de jauge SU(3), les groupes de symétrie de jauge sont *non abéliens*. Les champs de jauge sont dits de « Yang-Mills ».

La connexion sort les formes de leur isolement, elle permet leur « interaction ». L'analyse de ces interactions est l'objet de la *dynamique*, qui est physique du « mouvement ». Le mouvement est *variation de la position* : il nécessite de *créer* des *variétés* sur lesquelles sont « *positionnées* » les formes. Ces variétés sont appelées *espaces de configuration*.

L'espace de configuration

Une forme est « positionnée » sur un *espace de configuration* à n dimensions appelées « *degrés de liberté* » de cette forme. Par exemple, la forme correspondant au « corps rigide » de la physique classique possède six degrés de liberté : trois pour son centre de gravité et trois pour son orientation. Les degrés de liberté ne s'imposent pas, *ils se choisissent* : ils résultent d'une vision du monde préréflexive, inexplicable. Ils sont inaccessibles à la science.

L'espace de configuration d'un « gaz parfait » est un espace à 3 **N** dimensions représentant **N** « particules ponctuelles » repérées dans un espace tridimensionnel. La dimension d'un espace de configuration, correspondant aux degrés de liberté de la vision du monde dont il est issu, est un nombre entier : l'espace de configuration est vision du monde *discrétisée, analytique.* C'est l'expression d'une vision désintégrante.

Les formes positionnables sur un espace de configuration sont appelées « *systèmes discernables* ». Le corps rigide, le gaz parfait, sont des formes discernables correspondant à des visions du monde particulières : *ils n'ont aucune autonomie et sont ex-istés par ces visions.*

L'espace de configuration est doté d'une structure de continuum, de n-variété, constituée par un collage de cartes hausdorffien similaire à celui utilisé pour l'espace-temps, les coordonnées de cartes étant des variables $\boldsymbol{q}^i$, appelées « coordonnées généralisées », caractérisant la « position » du discernable (longueurs pour la position translative, angles pour la position rotative). La coordonnée généralisée de position n'a aucune autonomie : elle est corrélative de la coordonnée généralisée d'impulsion $\boldsymbol{p}_i$. Le couple $\boldsymbol{q}^i\,\boldsymbol{p}_i$ est rendu corrélatif par le fibrage sur la variété espace de configuration. Les $\boldsymbol{p}_i$ sont les composantes d'opérateurs covectoriels agissant sur des vecteurs de composantes $\boldsymbol{q}^i$. Les $\boldsymbol{p}_i$ sont les mesurants des mesurés $\boldsymbol{q}^i$: ils se co-fondent.

Pour qu'un mouvement soit observable, sa mesure doit être à jauge non nulle, ce qui introduit une contrainte du type

$$p_i . q^i \geq 1$$

incompatible avec la structure de continuum de la variété espace de configuration si celui-ci est compact (donc à point d'accumulation ou de vidange) : le mouvement continu est inobservable, un système discernable ne peut avoir de trajectoire continue sur son espace de configuration. Nous y reviendrons.

L'espace de configuration n'est pas euclidien, car il n'en a pas la topologie. Il est multiplement connexe en raison de la particularité qu'ont les formes spinorielles fermioniques massives de nécessiter une rotation de 4π pour revenir à l'identique : une rotation de 2π ne permet pas de revenir à l'identique, une boucle fermée sur l'espace de configuration ne peut être ramenée à un point par déformation continue. Mais une boucle parcourue deux fois peut être réduite à un point. L'espace de configuration n'a pas la même *homotopie* qu'un espace euclidien.

En chaque point de l'espace de configuration il est possible de définir un espace tangent et un espace cotangent dont les vecteurs de base sont les $|dp_i\rangle$ et les covecteurs de base sont les $\langle dq^i|$. Ces espaces tangents et cotangents constituent respectivement les fibrés tangent et cotangent à l'espace de configuration.

Les covecteurs $p_i \langle dq^i|$ sont des 1-formes dont la dérivée extérieure est une 2-forme $S = \langle dp_i| \wedge \langle dq^i|$ à dérivée extérieure nulle $dS = 0$ qui munissent le fibré cotangent d'une structure symplectique.

Le fibré cotangent de l'espace de configuration est « l'espace des phases » de la physique classique.

Un système discernable « évoluant dans le temps » est représenté *idéalement* (c'est-à-dire à jauge nulle) par une courbe (connexion) de l'espace de configuration paramétrée par le temps, la direction de l'évolution étant la tangente à la courbe, déterminée par les dérivées des coordonnées généralisées de position par rapport au temps :

$$\dot{q}^i = \frac{dq^i}{dt} \ .$$

Le mouvement, jeu formel du lagrangien et de l'hamiltonien

La connexion d'évolution temporelle du système discernable permet de *choisir* des fonctions *lisses* sur le fibré tangent et le fibré cotangent, appelées respectivement *lagrangien* $\mathcal{L}$ et *hamiltonien* $\mathcal{H}$ de ce système :

$$\mathcal{L} = \mathcal{L}(q^i, \dot{q}^i) \qquad \mathcal{H} = \mathcal{H}(p_i, q^i)$$

$$\dot{q}^i = \frac{dq^i}{dt} \qquad p_i = \frac{\partial \mathcal{L}}{\partial \dot{q}^i}$$

Ces relations *ne sont pas* relativistes, car le temps y est considéré comme un paramètre exogène de la courbe d'évolution du système discernable sur son espace de configuration : lagrangien et hamiltonien sont indépendants du temps. Mais il est toujours possible de faire du temps une coordonnée généralisée en posant :

$$q^0 = t, \ \dot{q}^0 = 1$$

$\mathcal{L}$ et $\mathcal{H}$ sont des fonctions *lisses* (de classe C^1) des cordonnées généralisées de position et d'impulsion, considérées comme *indépendantes*. Cela suppose que les systèmes discernables soient *holonomiques*, c'est-à-dire qu'il y ait autant d'impulsions *indépendantes* que de positions (cela interdit, par exemple, le roulement *sans* glissement).

Les fonctions $\mathcal{L}$ et $\mathcal{H}$ sont corrélatives par l'intermédiaire de la connexion d'évolution du système discernable sur l'espace de configuration dont elles sont issues. Elles représentent des sections des fibrés tangent pour $\mathcal{L}$ et cotangent pour $\mathcal{H}$.

Pour un système évoluant de la position a à la position b sur l'espace de configuration, on définit l'*action* S par l'intégrale :

$$S = \int_a^b \mathcal{L} dq$$

Le *principe de Hamilton* ou *principe d' « action stationnaire »* régit le « mouvement » du système discernable sur l'espace de configuration entre l'état initial a et l'état final b.

La stationnarité de S implique

$$\delta S = 0$$

On en déduit les équations du mouvement, ou équations d'*Euler-Lagrange* :

$$\frac{d}{dt} \frac{\partial \mathcal{L}}{\partial \dot{q}^i} = \frac{\partial \mathcal{L}}{\partial q^i}$$

Le lagrangien et l'hamiltonien sont reliés par la relation :

$$\mathcal{H} + \mathcal{L} = \dot{q}^i \frac{\partial \mathcal{L}}{\partial \dot{q}^i} = 2K$$

dans laquelle K est l'énergie « cinétique » du système discernable, son *énergie du mouvement*.

Les « vitesses » sur le fibré cotangent (l'espace des phases) sont définies par les dérivées partielles de l'hamiltonien $\mathcal{H}$:

$$\dot{p}_i = \frac{dp_i}{dt} = -\frac{\partial \mathcal{H}}{\partial q^i}, \quad \dot{q}^i = \frac{dq^i}{dt} = \frac{\partial \mathcal{H}}{\partial p_i}$$

Le principe de stationnarité de l'action *S* (ou « principe de moindre action », avatar du néant dans lequel se stabilise le *karman* indien, à la racine du principe de conservation du darwinisme) ainsi que les conditions de bord (« initiales » et « finales ») représentées par les points *a* et *b* de l'espace de configuration permettent de *déterminer le couple corrélatif* de fonctions *L* et *H* : *L* est le repéré localisé (forme fermionique, espèce) d'un repérant ubiquiste (forme bosonique, environnement) *H*. Pour un bord *donné*, l'hamiltonien est le flot-processus réalisant ubiquiste qui crée les vagues et les tourbillons-réalités stationnaires localisés lagrangiens qui le créent à leur tour : hamiltonien et lagrangien se co-fondent (sont en rapport dialectique) et n'ont aucune autonomie. La pensée chinoise privilégiant le premier point de vue et la pensée occidentale le second sont deux versants corrélatifs d'une même pensée humaine qui a produit l'âme lagrangienne des religions occidentales et le karman hamiltonien des religions orientales. Bord (locus latin, loka sanskrit), hamiltonien et lagrangien constituent une triade indispensable à la visualisation d'un mouvement.

On ne peut « voir un mouvement » (ou une « évolution ») que si le repérant-hamiltonien *H* et le repéré-lagrangien *L* sont en adéquation. *Le mouvement n'a pas d'autonomie : c'est le résultat d'un formalisme adéquat*, traduction moderne de l'Intellect anaxagoréen.

Ce formalisme se retrouve dans le concept de particule « guidée » par son onde pilote (**annexe 10**).

L'opérateur hamiltonien est le crochet de Poisson

$$\{\mathcal{H}, \} = \frac{\partial \mathcal{H}}{\partial p_i} \frac{\partial}{\partial q^i} - \frac{\partial \mathcal{H}}{\partial q^i} \frac{\partial}{\partial p_i} = \frac{\partial}{\partial t}$$

C'est un opérateur différentiel ou champ vectoriel dirigé le long des trajectoires de l'espace des phases et il représente l'évolution temporelle du système discernable. Il correspond à l'*énergie* du système discernable, conjuguée du temps.

L'évolution hamiltonnienne préserve les 2-formes **S** ainsi que la forme de l'élément de volume **Σ** de l'espace des phases.

C'est le *théorème de Liouville* : $d\Sigma = 0$, autre expression des relations d'incertitude entre variables conjuguées et de l'inaccessibilité du zéro, autrement dit de la notion de *conservation* indispensable à toute physique.

Il en résulte, en mécanique classique, que la région occupée par un système discernable sur son espace des phases est à volume constant, bien que de forme variable, fonction de l'hamiltonien. Le système peut être assimilé à un « fluide » à flux incompressible (sa densité reste constante le long d'une ligne de courant).

Comme $\{\mathcal{H}, \mathcal{H}\} = 0 \Rightarrow \frac{\partial \mathcal{H}}{\partial t} = 0$, l'hamiltonien (ou énergie) est préservé le long des trajectoires de l'espace des phases : le système discernable évolue à énergie constante, il est dit « fermé », sans échange avec l'extérieur, transformant son énergie potentielle (fonction des q^i) en énergie cinétique (fonction des p_i) et vice-versa. Lorsque l'hamiltonien ne contient *pas* de termes *simplement* linéaires en q^i et p_i, le système est intégrable et son comportement est entièrement déterministe. L'opérateur hamiltonien est alors, dans ce cas idéal et réducteur, un Casimir-invariant.

C'est le cas des systèmes « vus comme » oscillant (vibrant) autour de leur point d'équilibre : ils ont alors autant de fréquences propres d'oscillation que de degrés de liberté et leurs niveaux d'énergie sont discrets (quantifiés). Cette vision est à la source de la physique quantique qui tire ses formes-particules d'une « fluctuation primordiale du vide », vibration du silence des philosophes indiens. Ce n'est qu'une façon réductrice de « voir les choses », mais elle présente l'immense avantage de rendre les systèmes intégrables et de permettre la *première quantification*.

Le déterminisme résulte d'une vision très particulière du monde : il nécessite la désintégration d'un tout en parties dénombrables mises en relation 1-1 (ces relations sont donc dénombrables, du type vertex) au sein de ce tout, *luimême indifférent à sa désintégration*. Cette vision réductrice du monde s'appelle « décohérence ». La décohérence est inexplicable, inaccessible à la science : elle est vision désintégrante et réductrice du monde.

Un système discernable non décohéré est dit « statistique représentatif » et appelé *ensemble de Gibbs-Einstein*. Il est représenté sur l'espace des phases par un « nuage de points ». Le lagrangien d'un tel système devient densité de lagrangien. L'application du formalisme hamiltonien-lagrangien préserve le volume de la région occupée par le système dans l'espace des phases, conséquence du théorème de Liouville. Si l'espace des phases est compact, il possède au moins un point d'accumulation (ou de vidange) et la densité de lagrangien devient infinie en ce point. Si l'espace des phases n'est pas compact, le système est dit *ergodique* : la région qu'il occupe dans l'espace des phases devient protéiforme et envahit tout l'espace lorsque la densité de lagrangien devient nulle. Dans les deux cas, la mesure devient impossible, le système n'est plus observable et échappe au déterminisme : on dit qu'il devient *chaotique*.

L'ergodicité (ἔργον = action, ὁδός = route), indispensable à l'ipséité, conditionne la possibilité du chemin, de la connexion, de l'histoire, du déterminisme. Mais un système ne peut être ergodique qu'à jauge nulle : tout ensemble mesurable invariant sous une application ergodique est de mesure nulle, autrement dit inobservable : *il n'y a pas de chemin pour atteindre un but, ni pour remonter à une origine : l'ipséité n'est pas observable, c'est une pure transparence*. À jauge non nulle, l'ergodicité permet, dans des conditions limitées et réductrices, de « suivre » un mouvement, une évolution, de mettre en œuvre une *méthode.*

Un système discernable non décohéré est voué au chaos. Seule une vision réductrice, décohérante, peut permettre le déterminisme et transformer le chaos en cosmos.

Les systèmes discernables de la physique classique sont configurés sur des espaces de configuration ayant un nombre fini de dimensions. Lorsque le nombre de dimensions d'un espace de configuration devient infini, *tout en restant dénombrable*, le formalisme hamiltonien-lagrangien continue à s'appliquer.

Le tout est alors désintégré en formes dénombrables, elles-mêmes dissociées chacune en « formé » (fermion localisé ou particule) et « formant » (boson ubiquiste ou champ). L'interaction de chaque fermion avec son propre champ est à l'origine du lagrangien libre, l'interaction de chaque fermion avec la somme de tous les champs issus des autres fermions ainsi que l'interaction entre les bosons (ou champs) est à l'origine du lagrangien d'interaction. L'ensemble de ces interactions 1-1 est lui-même dénombrable. *Ce formalisme correspond à une vision décohérante et réductrice du tout.*

Le lagrangien devient une fonction de champs, c'est-à-dire une fonction de fonctions, une hyperfonction et la différentiation classique est remplacée par la *différentiation fonctionnelle*. Le temps n'est plus traité comme une variable exogène : le formalisme est relativiste.

Les équations d'Euler-Lagrange deviennent fonctionnelles :

$$\nabla_i \frac{\delta \mathcal{L}}{\delta \nabla_i \phi} = \frac{\delta \mathcal{L}}{\delta \phi}, \quad \nabla_i \frac{\delta \mathcal{L}}{\delta \nabla_i \psi} = \frac{\delta \mathcal{L}}{\delta \psi}$$

Le principe de stationnarité s'applique aux lagrangiens de champs en considérant ceux-ci comme une densité spatio-temporelle et en définissant l'action par l'expression

$$S = \int_{\mathcal{D}} \mathcal{L}\varepsilon, \quad \varepsilon = \sqrt{|\det g|}\, dx^0 \wedge dx^1 \wedge dx^2 \wedge dx^3$$

dans laquelle ε représente la 4-forme « volume élémentaire spatio-temporel » et $\mathcal{D}$ une région de l'espace-temps. Les conditions initiales et finales (conditions aux limites) a et b du lagrangien classique sont remplacées par une configuration des champs sur la frontière $\partial\mathcal{D}$ de la région $\mathcal{D}$.

Ce formalisme permet de *déterminer* les fonctions ou champs et donc les formes « visibles » satisfaisant à une certaine vision désintégratrice du monde et leur évolution ou « mouvement » dans l'espace-temps imposée par des conditions fixées aux limites. Il correspond à la *deuxième quantification*.

Le formalisme lagrangien-hamiltonien de la deuxième quantification repose sur un subtil maniement d'équations différentielles. Il détermine le mouvement au prix d'une vision réductrice du monde. C'est par ce jeu formel que nous apparaissent des systèmes planétaires et des galaxies spiralées (la spirale, boucle ne se refermant pas sur elle-même, est omniprésente dans la symbolique des cultures « primitives ») *plans*, la planéité permettant l'intégrabilité des équations et l'ergodicité à l'intérieur de certaines limites spatio-temporelles (la planéité autorise la séparabilité : $\mathbb{R}^{\mathbb{R}}$ est séparable, alors que $\mathbb{R}^{\mathbb{R}^{\mathbb{R}}}$ ne l'est plus).

S'il n'est pas aisé de manipuler ces équations, il est encore plus difficile d'en sortir en com-prenant leurs domaines de validité. Le risque est grand de se perdre : l'équation devient alors verbe et parle à la place de celui qui l'a posée.

Le plus important n'est pas de manier des équations mais de savoir en sortir. L'équation est par l'homme et non l'inverse.

La particule et son champ (son « onde ») se co-fondent, de même que le local et le global : pas de local sans global et vice-versa. Le local est courbure et le global est torsion. La courbure d'un espace ne peut se différencier que si cet espace est tordu : le plan ou la sphère, dont la torsion est nulle, ont une courbure indifférenciée. La courbure, locale, est *masse* et la torsion, globale, est *spin* : pas de masse différenciée sans spin et vice-versa. Masse et spin sont représentés par des nombres quantiques, valeurs propres des Casimir-invariants des groupes de Lie de symétrie de jauge ; dans le cas du groupe de symétrie de Poincaré, masse m et spin s sont en relation d'indétermination ($\vec{S}^2 m^2 = s(s+1)m^2 \geq 1$). Le local est à recouvrements multiples : notre espace classique est à double recouvrement (il faut en faire deux fois le tour pour revenir au même endroit).

La courbure, notion locale, est masse ou gravité.

La gravité est courbure

La gravité n'est pas à proprement parler une « force », mais c'est elle qui permet, par le truchement de la connexion-courbure, de mesurer (observer) les forces « électriques », vectorielles, (électromagnétique, électrofaible, électroforte, résultant de la brisure de la supersymétrie). Le « droit » ne peut être observé (différencié) que par des espaces courbes.

L'espace-temps de la supersymétrie est la variété riemannienne « point » qui devient sphère en cas de jauge non nulle. La brisure de la supersymétrie *différencie* la direction: la variété riemannienne d'espace-temps devient « bosselée » : elle acquiert une courbure locale et une torsion globale.

Les objets de la physique sont les forces « électriques », à caractère vectoriel, correspondant à des vecteurs (les particules) et covecteurs (les champs associés). Pour rendre ces forces électriques observables, il est nécessaire de différencier les directions qui les « manifestent » : pour cela, il faut *courber* l'espace-temps en chacun de ses points, et, pour que cette courbure puisse être différenciable en différents points, le plonger dans un espace de plongement de référence qui permet de le connecter. La courbure locale n'est rien d'autre que « le champ de gravitation local ». Ce champ de gravitation est à l'origine de la *masse* qui le « manifeste ».

Ce champ n'est pas intégrable sur l'ensemble de la variété. *Localement, lorsqu'on assimile la variété à son espace euclidien osculateur*, ce champ est intégrable, autrement dit un gradient, l'espace-temps est assimilé à une variété riemannienne $\mathcal{M}$ *plate,* aux cônes de lumière tous parallèles et de pseudo métrique lorentzienne : *c'est l'espace-temps minkowskien de la relativité restreinte*. Le tenseur métrique g (de signature + - - -) est localement uniforme sur la surface riemannienne.

L'ouverture des cônes de lumière dépend de la jauge : une jauge non nulle, imposée par toute physique « observable », nécessite un produit $m^2.c^4$ non nul, rend la masse non nulle et la vitesse de la lumière finie, introduit la *vitesse,* toujours inférieure à c, « vitesse de la lumière ». Cela a pour conséquence de séparer le cône du futur du cône du passé, expression d'une censure cosmique interdisant d'observer l'inobservable.

La forme fermionique est dotée d'inertie, de vitesse, d'un passé et d'un futur irrémédiablement séparés, ce qui attribue à l'espace-temps une *structure causale* sur fond de laquelle chaque forme acquiert une « histoire » irréversible.

Les géodésiques de $\mathcal{M}$ représentent les mouvements inertiels qui maximalisent le temps propre. Celui-ci est raccourci en cas d'accélération / décélération, ce qui est à l'origine du fameux « paradoxe des jumeaux ». Leur « différence d'âge » à l'arrivée résulte de leur histoire (ou connexion) différente rapportée à un *même* espace-temps d'arrivée, de la même façon que nous n'avons pas le même âge que les Egyptiens de la $5^{\text{ème}}$ dynastie car nous n'avons pas la même histoire qu'eux rapportée à *notre* espace-temps.

Sur l'*ensemble* de la variété spatio-temporelle, le champ de gravité n'est pas intégrable, le tenseur métrique $\boldsymbol{g}$ perd son uniformité sur la surface riemannienne, l'espace-temps devient une variété riemannienne à *courbure différenciée*, dont les cônes de lumière n'ont plus la même orientation. *C'est l'espace-temps einsteinien de la relativité générale.* Nous y reviendrons.

En résumé, la temporo-spatialisation s'effectue sur fond de variété riemannienne obtenue par un recouvrement hausdorffien de cartes. L'invariance de jauge locale nécessite un recouvrement de cartes particulier, défini par l'invariant de distance spatio-temporelle, autrement dit la métrique définie par le tenseur métrique $\boldsymbol{g}$ que l'on souhaite préserver. Cet invariant à préserver définit la connexion, qui confère à son tour à la variété riemannienne son tenseur de courbure. La courbure est corrélative de l'invariant à préserver, c'est-à-dire du tenseur $\boldsymbol{g}$ représentant la gravité.

L'expression des interactions « électriques » (électromagnétique, électrofaible, électroforte) résulte de l'axiomatique de la différentiation extérieure : $d^2 = 0$ et de sa déclinaison locale par application du lemme de Poincaré.

Cette expression est invariante uniquement dans les repères *inertiels* définis par la connexion gravitaire, qui préserve le tenseur $\boldsymbol{g}$.

L'expression de ces lois dans un repère *quelconque* est, en revanche, dépendante de ce repère : elle est obtenue en remplaçant la dérivée extérieure intervenant dans les repères inertiels (en chute libre) par la dérivée covariante.

L'équation de Dirac, par exemple, est obtenue en remplaçant l'opérateur d^2 par l'opérateur covariant $\partial\!\!\!/^{\,2}$ (voir plus haut)

$$d^2 = 0 \quad \Rightarrow \quad \partial\!\!\!/^{\,2} = -1$$

sur les variétés connectées à pseudo métrique lorentzienne et à jauge non nulle.

Ces nouvelles relations, font intervenir la gravité comme une « force » externe agissant sur les formes fermioniques, qui apparaissent dès lors comme dotées de « masse inertielle », par l'intermédiaire de la relation (non relativiste) de la physique newtonienne :

$$\vec{F} = m\vec{\gamma}$$

La masse $\boldsymbol{m}$ n'est pas une charge scalaire invariante, elle dépend de la vitesse relative par rapport à celle de la lumière :

$$m = \frac{m_0}{\sqrt{1 - \frac{v^2}{c^2}}}$$

La gravité n'est donc pas une force autonome, mais résulte de la courbure de la variété riemannienne d'espace-temps, conséquence elle-même d'une connexion permettant de préserver le tenseur métrique **g**.

L'espace-temps n'est pas un repérage indépendant de la mesure : il est conditionné par elle pour *permettre* de différencier les forces « électriques » et pour garantir l'invariance de jauge locale. Il doit permettre à tous les observateurs « situés » dans l'espace-temps de voir « la même chose ».

*L'espace-temps n'est pas une enceinte qu'il faut explorer pour y découvrir, si on cherche bien, des « choses » : il est **fabriqué** pour nous permettre d'observer ce que nous voulons y observer et pour que nous observions tous la « même » chose. Il n'y a pas de « voile » à lever pour découvrir la « réalité », mais la réalité est elle-même voile du néant.*

Considérer l'espace-temps comme un prérequis mène directement au *chosisme.* Nous y reviendrons.

«L'espace-temps est mon esprit, mon esprit est l'espace-temps »
   (Lu Xiangshan, penseur confucéen du XIIème siècle)

Adopter ce point de vue des points de vue, c'est accomplir la révolution copernicienne que Kant appelle de ses vœux, et réaliser la subversion que constitue la *relativité absolue,* où l'on est partout au centre du monde.

Lorsque nous voulons observer des forces vectorielles ou orientées (« électriques »), cette fabrication s'effectue par le truchement de la gravité.

La gravité s'exprime par la conservation du tenseur d'Einstein :

$$\nabla^a S_{ab} = 0$$

Mais cette conservation est définie par référence à l'espace de plongement, « être absolu, inaltérable, indifférent aux turpitudes locales ». La gravité révèle les forces électriques, mais n'est pas affectée par elles : elle est « externalisée ». Elle s'exerce « à vide ».

Pour se passer d'espace de plongement, absolu introuvable, il faut rendre la gravité covariante avec les forces électriques, « unifier » la gravitation et les forces électriques : il faut passer de la relativité « restreinte » à la relativité « générale ». L'espace-temps minkowskien $\mathcal{M}$ devient une variété « einsteinienne » $\mathcal{E}$.

L'espace-temps einsteinien de la relativité générale

La connexion définie par $\nabla g = 0$ établit une corrélation entre la courbure de la variété pseudo riemannienne d'espace-temps et le tenseur métrique $\boldsymbol{g}$.

La connexion ∇ doit être telle que toutes les lois de la physique s'expriment de la même façon dans tous les repères inertiels (en « chute libre »), ce qui implique la conservation du « flux » d'énergie-impulsion exprimé par la dérivée extérieure du quadri covecteur énergie-impulsion $\boldsymbol{p}$, ou *tenseur énergie-impulsion* :

$$T_{ab} = dp = \left[\frac{\partial p_b}{\partial x^a}\right] \quad \Rightarrow \quad \nabla^a T_{ab} = 0$$

On en déduit que le tenseur d'Einstein et le tenseur énergie-impulsion doivent être égaux *à une constante covariante près* :

$$R_{ab} - \frac{1}{2} R g_{ab} + \Lambda g_{ab} + 8\pi G T_{ab} = 0$$

C'est l'*équation du champ d'Einstein*, dans laquelle **Λ** est une « constante cosmologique » et **G** la constante de la gravité. Elle résulte d'une tentative de mise en adéquation du vide et du plein, de l'espace-temps et de l'énergie-matière, de la cinématique et de de la dynamique, qui se co-fondent en une irrémédiable oscillation entre un univers ouvert et un univers fermé liée au *choix* de la constante cosmologique qui les *sépare*.

En l'absence de matière-énergie, le tenseur de Ricci et la courbure scalaire s'annulent

$$R_{ab} = R = 0$$

C'est l'équation du champ du « vide », de structure dite « Ricci-plane », dans lequel peuvent se développer non localement des « ondes gravitationnelles ». Mais ce n'est pas *n'importe quel* vide : c'est un vide littéralement taillé sur mesure, un vide « gravitaire », adapté à l'observation des forces « vectorielles » qui s'expriment au moyen de l'opérateur **d** de dérivation extérieure (autrement dit les forces électriques : électromagnétiques, électrofaibles, électrofortes). C'est un « rien » corrélatif d'un « quelque chose » de bien précis.

Il en va du vide comme du zéro : le zéro des nombres naturels n'est pas le même que le zéro des nombres réels. Ils n'ont pas la même « épaisseur ». Leurs corrélatifs, les infinis, n'ont pas la même puissance.

L'être a pour corrélatif le non-être, qui est encore être. L'être et le non-être se co-fondent au sein du néant. Seul le néant a pour corrélatif lui-même, le néant.

Cette confusion entre le zéro (le rien corrélatif) et le néant (le rien absolu, le zéro dé-mesuré, qui est aussi le tout) explique pourquoi le zéro fut introduit aussi tardivement dans les systèmes de numération occidentaux.

$$\emptyset \to \{\emptyset\} = e^{\emptyset} = \emptyset$$
$$0 \to \{0\} = 1 = e^{0} \Leftrightarrow 0 = \log 1$$
$$\phi = \text{néant}, 0 = \text{rien}, 1 = \text{quelque chose}$$

La conservation du flux d'énergie-impulsion exprimée par la relation $\nabla^a T_{ab} = 0$ (divergence du tenseur énergie-impulsion nulle) implique, en vertu du théorème de Stokes, qu'un univers compact ne peut rien contenir. Cela revient à considérer qu'un univers de matière-énergie ne peut être que sans limite, autrement dit que la portée de la gravitation est infinie. Ce qui entraîne la nullité de la jauge, ce qui est incompatible avec toute mesure.

Cela met en évidence la contradiction fondamentale de la relativité générale : on ne peut s'affranchir d'une référence à un espace de plongement, « être absolu inaltérable des confins » qu'en adoptant une jauge nulle, interdisant toute mesure. Cela revient à prendre pour absolu le néant (et non pas le rien qui est corrélatif de quelque chose).

Le néant, ce n'est pas rien. « Unité de l'aperception » chez Kant, le néant seul est inaltérable et permet de solidariser (unifier) et cohérer toutes les visions du monde, rendant ce dernier intelligible.

Einstein a tenté de sortir de cette contradiction en introduisant dans son équation de champ la constante cosmologique Λ qui permet de revenir à une jauge finie, mais qui fait indéfiniment osciller l'univers entre expansion et contraction accélérées en fonction de sa « densité de matière », à l'instar de la cosmogonie empédocléenne dans laquelle le monde est éternellement écartelé-fusionné par le couple corrélatif haine/amour.

Vouloir « unifier » la force de gravité avec les forces électriques, c'est vouloir trouver un sens à ce par quoi le sens arrive. On peut dire la même chose des anthropologues qui veulent trouver une origine à l'homme, par qui l'origine arrive.

Les psychologues qui ont chosifié la conscience se heurtent à la même difficulté : la conscience ne peut être que « conscience *de* quelque chose », elle n'existe pas, elle existe, elle porte à l'existence ; elle est à l'origine de l'essence, qu'elle précède et conditionne. La conscience transcende la pensée réflexive et permet la *création* que la pensée réflexive formalise (ou informe) « ensuite » dans l'espace-temps.

En résumé, les considérations qui précèdent reposent sur la possibilité d'immerger la variété riemannienne d'espace-temps dans un « espace de plongement », espace absolu de référence de la temporo-spatialisation. Celle-ci, de créative devient créée. Or il ne peut y avoir d'espace de plongement absolu, car tout espace de plongement peut lui-même être plongé dans un super espace de plongement, autre façon de dire que l'ensemble des ensembles n'est pas un ensemble. *C'est le sens profond de l'interdit machien.*

Par ailleurs, la variété riemannienne repose sur le continu et ne peut être appréhendée par la physique qui, à l'instar de tout savoir, repose sur l'analytique, le dénombrable, le discontinu qui ne peut « sortir » (être unifié avec) du continu.

Sortir de ces impasses et abandonner tout espace de plongement impose de revenir à une vision monadique et de s'en tenir à l'indépassable corrélation du repérant et du repéré, du reflet et du miroir reflétant : pas de repéré sans repérant et pas de repérant sans repéré. Le repéré est toujours le repéré d'un repérant et le rapport entre ces deux termes est exprimé par le *génitif* des grammairiens.

Repéré et repérant correspondent respectivement à l'être et au non-être (ou modalité d'être) ; ils sont conjugués (conjaugés) au sens mathématique du terme par la médiation d'une jauge temporo-spatialisante, non nulle pour être observable (« phénoménalisable »), ce qui les met en perpétuel décalage ou dépassement de l'un par rapport à l'autre. Ils ne peuvent se rejoindre qu'à jauge nulle en s'abîmant dans le néant atemporel et indéterminé.

Il n'est pas possible de tracer un repère d'axes sans savoir a priori ce qu'on y mettra. Le repère préjuge du repéré et vice- versa. Le défini et sa définition se co-fondent, la vision monoculaire supprime le relief.

La vision monadique ou le sac de nœuds

Cette vision repose in fine sur la *relation binaire*, avatar de la *négation*, les *degrés de liberté*, et la *connexion*. Elle est préréflexive, inaccessible à la science.

Elle s'appuie sur une analyse *combinatoire* de grandeurs *discrètes* (définissant *a priori* ce que l'on veut voir, le degré de liberté de la vision, par exemple les six faces d'un dé, correspondant au repéré) qui détermine par corrélativité le repérant, c'est-à-dire l'espace-temps qui est fabriqué pour permettre d'observer *ce que l'on veut observer*.

Cela débouche sur une algèbre des nœuds (ou vertex) formalisée par les *diagrammes de Feynman*. Un type de segment (relation 1-1) représente un type d'interaction, un vertex un ensemble *dénombrable* d'interactions (degrés de liberté), et l'algèbre permet de combiner les vertex. La relation de totalisation-fermeture, ou *normalisation*, permet d'établir une combinatoire des vertex, retrouvant ainsi les probabilités *contextualisées* du calcul des probabilités classiques, en particulier celui de la mécanique quantique, les probabilités étant exprimées par des *nombres algébriques*.

L'algèbre des nœuds est une *algèbre de Lie* opérant sur un *groupe de Lie* constitué par les générateurs d'interactions (les éléments « infinitésimaux ») d'un groupe de symétrie de jauge. Ces générateurs représentent les « particules » issues du groupe de symétrie, celui-ci correspondant à une certaine vision du monde (par exemple le groupe unifié du modèle standard SU(3) x SU(2) x U(1) / $\mathbb{Z}6$). Les règles de combinaison de vertex correspondent à des *constantes de structure locale* du groupe de symétrie. Ces constantes, antisymétriques, permettent de prendre en compte les commutateurs d'une base des générateurs lorsque le groupe de symétrie n'est pas commutatif (abélien) :

$$[G_a, G_b] = \gamma_{ab}^c G_c \Rightarrow \gamma_{ab}^c = -\gamma_{ba}^c$$

Lorsque ces constantes sont toutes nulles, la structure n'est déterminée que par la seule dimension ou nombre de degrés de liberté. Ceux-ci sont indépendants : les probabilités sont décontextualisées.

La relation de totalisation-fermeture correspond à la *relation d'identité de Jacobi*

$$\left[G_a, [G_b, G_c]\right] + \left[G_b, [G_c, G_a]\right] + \left[G_c, [G_a, G_b]\right] = 0$$

qui rend les constantes de structure γ liées par la relation

$$\gamma_{[ab}^d \gamma_{c]d}^e = 0$$

Les groupes de Lie les plus sympathiques sont les groupes dits « semi-simples compacts », dont la représentation est dite « complètement réductible » ; pour ces groupes, il est toujours possible de trouver une base de représentation dans laquelle les matrices représentant les générateurs s'écrivent sous une forme :

$$\begin{pmatrix} A & C \\ 0 & B \end{pmatrix}$$

somme directe de représentations irréductibles *de dimension finie*. Il suffit donc d'étudier chacune de ces représentations irréductibles pour caractériser le groupe.

La condition de semi-simplicité d'un groupe de Lie est que ses *2-formes de Killing* obtenues par contraction des constantes de structure soient inversibles :

$$\kappa_{ab} = \gamma_{ac}^{d}\gamma_{bd}^{c} = \kappa_{ba}, \quad \kappa_{ab}\kappa^{ba} = n$$

n étant la dimension du groupe de Lie.

La compacité d'un groupe de Lie semi-simple exige que l'algèbre de Lie soit à coefficients réels. Le groupe de Lie à coefficients réels peut être complexifié en gardant les *mêmes* coefficients de structure réels. Un même groupe de Lie ainsi complexifié peut correspondre à plusieurs formes réelles, *mais une seule parmi ces formes réelles est compacte.*

La complexification d'un groupe de Lie semi-simple compact, donc à coefficients de structure réels, peut se faire sur $\mathbb{C}$, $\mathbb{C}^2$ ou $\mathbb{C}^3$. Elle à l'origine des variétés dites de « *Calabi-Yau* » qui disposent à la fois *localement* d'une métrique riemannienne (définie positive) *réelle* et *globalement* d'une structure *complexe* de 3-variété. La connexion métrique préservant la structure complexe, ces variétés admettent des fibrés tangents à structure métrique euclidienne et des fibrés cotangents à structure symplectique. Les variétés de Calabi-Yau correspondent à des cohomologies d'ordre 3 de faisceaux de fonctions holomorphes (voir **annexe 8**).

Ces variétés tout en ayant une structure locale métrique de Ricci-plane (la structure du vide einsteinien) possèdent une structure globale de champs spinoriels préservés par la connexion de la métrique. Ces différents champs spinoriels correspondent au groupe de symétrie à l'origine de la variété de Calabi-Yau, préservé par la connexion métrique.

Mais *ce groupe de symétrie n'est pas temporo spatialisable* : la variété de Calabi-Yau ne peut se fibrer sur l'espace-temps quadridimensionnel classique, mais elle est invariante par action du groupe de symétrie de ses champs spinoriels. Ce qui signifie qu'il n'y a pas de distinction entre symétries de jauge globale (symétries externes) et symétries de jauge locale (symétries internes). L'espace et le temps ne sont pas séparés et les champs spinoriels constants peuvent être assimilés à des générateurs de supersymétrie. Les effets de la complexification, qui permet une décompression microlocale du point, sont globaux et s'annulent localement, à l'instar des « éléments » de cohomologie (voir plus haut). Ils sont à l'origine de l'apparition de la masse, de la séparation local/global, masse/spin, symétries internes/symétries externes, jauge locale/jauge globale. Cela permet de temporo spatialiser les formes, de fibrer celles-ci sur l'espace-temps.

L'espace-temps devient un tissé, une variété riemannienne « hylétique » aristotélicienne dont les géodésiques, lignes d'univers d'objets tombant librement, sont des torsades droites ou gauches (pouvant être représentées par des twisteurs), torsades de torsades et ainsi de suite.

Cela fait resurgir le cauchemar de la jauge non nulle, indispensable à l'observabilité. Une jauge non nulle implique un début et une fin, autrement dit un bord. *Cela oblige à enfermer les variétés pour les doter de bords, à créer un vide corrélatif d'un plein.* Les bords reçoivent des « conditions aux limites » ou « valeurs aux bords » qui doivent être cohérentes avec le groupe de symétrie des champs spinoriels. Ici commence le « bricolage » démiurgique qui fait passer de la théorie au modèle.

La classification des variétés de Calabi-Yau (version moderne des corps platoniciens ou des hexagrammes du *Livre des Mutations* de l'antiquité chinoise), qui sont dénombrables, n'est pas encore réalisée et fait l'objet des recherches des mathématiciens. Un sous-ensemble des variétés de Calabi-Yau est constitué par les variétés *toriques* que l'on peut représenter comme des entrelacements de boucles toriques donnant une « topologie en bretzel » (voir **annexe 11**).

La *fabrication* de tels espaces localement compacifiés et globalement complexifiés débouche sur des espaces-temps à plus de quatre dimensions (mais toujours une seule dimension temporelle), dont certaines sont « enroulées » : par exemple les quatre dimensions d'espace-temps habituelles « déroulées » plus six supplémentaires d'espace « enroulées » correspondant aux 3-variétés complexes de Calabi-Yau et aux 10 vecteurs de Killing indépendants générateurs des symétries du groupe de Poincaré.

L'objectif recherché est la « grande unification » qui permettrait une *même* vision à toutes les échelles, conciliant la mécanique quantique tributaire du temps *vivant* « réducteur » de la mesure, qui régit le « micro local », et la relativité générale cosmologique tributaire du temps *mort* « dispersif » de l'espace-temps, qui régit le « macro global ».

Il s'agit, pour résumer, de fabriquer des espaces-temps adéquats à la mesure, elle-même issue d'une certaine vision du monde. La mesure n'est pas temporo-spatialisée, mais temporo-spatialisante.

Compte tenu du nombre infini (mais dénombrable) de variétés de Calabi-Yau correspondant à des variétés complexes de dimension supérieure ou égale à 3, cette fabrication est largement sous-déterminée et exige d'effectuer des sélections *arbitraires* de ces variétés et de leurs « conditions aux limites » corrélatives.

Cela amène maints scientifiques à subordonner leur vision du monde à la possibilité de résolution d'équations aux dérivées partielles et à postuler « l'élégance » de l'univers qui se prête à ces équations (κόσμος = parure) : le « beau » naît de l'adéquation du mesurant et du mesuré.

L'espace-temps ainsi discrétisé *dans sa globalité* peut être considéré comme un réseau de spins, ou encore un entrelacs de boucles (ou cordes), un « sac de nœuds » corrélatif de la vision qui le sous-tend (voir **annexe 11**).

Un modèle qui incarne (ex-iste) ce type d'espace-temps est constitué par le *cerveau* avec ses connexions synaptiques de neurones, objet des neurosciences. La structure du cerveau est corrélative de la vision du monde qui la sous-tend. Lorsque cette vision est à jauge nulle, le cerveau devient « *pensée* » qui est ex-istée dans le « *verbe* ». Le verbe est *analysé* par le langage articulé et l'écriture, outils de diffusion du savoir qui s'ordonnent en alphabets, mots, phrases, poésies, romans, dictionnaires, encyclopédies, appartenant tous à l'ensemble Ω. La grammaire est une algèbre du langage et de l'écriture (voir **annexe 8**).

L'ex-istence des structures temporo spatialisées débouche sur l'*expérience*, ou « mise à l'épreuve » de ce qui est rendu « probable » par l'acte de mesure corrélatif d'une vision du monde. La mesure est conditionnée par une *jauge*. La jauge échappe à la science : on ne peut mesurer ce qui permet la mesure. *Elle est arbitraire (*arbitror : je pense, je juge, je jauge*), mais non nulle.* Cet arbitraire se traduit par la sous-détermination de *tous* les modèles, conduisant à des *libertés de jauge*, telles que celle de la masse du boson de Higgs ou encore celle du potentiel de jauge. Quant à la jauge nulle, mesure des mesures ou « mesure suprême » augustinienne, critère de Vérité, elle est hors d'atteinte.

L'expérience

L'espace-temps est fabriqué pour garantir *l'invariance de jauge locale et globale* : on doit voir « la même chose » en tous les points de l'espace-temps, ce qui se traduit par le principe : « les mêmes causes produisent les mêmes effets ». On ne peut avoir deux visions du monde différentes « en même temps » : le dé retombe *nécessairement* sur *une et une seule* de ses six faces, qui est *la même* pour tous les « observateurs ». Une « même » mesure effectuée en différents points de l'espace-temps (à deux « moments différents » dans le même laboratoire du CERN ou à un « moment donné » chez les Papous ou dans la nébuleuse d'Andromède) doit donner les « mêmes » résultats. Cette exigence est à l'origine de l'espace-temps.

La vérification, directe ou indirecte, de ce principe s'appelle « expérience ».

Cette vérification est tributaire de ce que sont deux « mêmes » mesures et deux « mêmes » résultats. Cela nécessite un travail de « préparation » de l'expérience (la préparation de la fonction d'onde des physiciens) et d'« interprétation » de ses résultats. Cette préparation et cette interprétation, autrement dit le codage et le décodage, sont effectuées sur la base des fonctions de transition (ou code) corrélatives à l'espace-temps considéré : *la vérification s'appuie sur ce qui doit être vérifié.*

« Mais il est absurde d'entreprendre d'établir ce que l'on cherche par ce que l'on cherche, puisque cela reviendrait à ce que la même chose emporte et n'emporte pas la conviction, ce qui est inacceptable : elle emportera la con-

viction en tant que démonstration, mais n'emportera pas la conviction en ce qui est démontré. »
(Sextus Empiricus, Esquisses pyrrhoniennes, I, 14 [61], environ 200)

Une expérience ne peut constituer un critère de vérité. Elle ne peut que vérifier la cohérence du repéré et du repérant : la vérité n'est possible qu'au sein d'un système fermé, arbitrairement isolé, dont on a éliminé ce que l'on ne comprend pas (φράζειν : expliquer, et φράσσειν : clore, enfermer).

Les mathématiques sont ouvertes (voir **annexe 6**) tandis que la logique requiert la fermeture pour être opérationnelle, et l'expérience procède des deux *à la fois*.

Toute science est recherche de cohérence, d'adéquation et est *toujours* tributaire de limites qui la conditionnent et la contraignent. Tenter de comprendre ces limites relève d'un exercice autrement plus ardu, dont on s'exonère volontiers en invoquant le *hasard* sous ses différents avatars pré analytiques, tels que la fluctuation, le saut quantique, la mutation, le big bang. Ce hasard est rendu lui-même analytique par normalisation-fermeture que ce soit par le jeu des probabilités, dont la somme ne peut dépasser l'unité (ce qui impose des conditions très réductrices aux espaces probabilisables), ou toute autre « règle du jeu », comme par exemple celle adoptée dans le cadre restrictif des soixante-quatre hexagrammes du *Livre des Mutations* du Sage chinois ou du modèle standard de la physique atomique moderne. Mais aucune règle du jeu n'est susceptible de rendre compte du Tout car il les transcende toutes. Une machine ne peut fonctionner que dans un monde réduit à sa mesure.

Une expérience est dite « négative » lorsque ses résultats ne sont pas conformes à ceux que l'on attend, autrement dit lorsqu'elle décèle une « anomalie ». Trois attitudes sont possibles face à une expérience négative :

- considérer qu'elle a été mal conduite (mal codée) et la reprendre en revoyant sa préparation,
- considérer qu'elle a été bien conduite, mais ses résultats mal interprétés (mal décodés), et revoir son interprétation,
- considérer que l'espace-temps avec lequel on travaille ne garantit pas l'invariance de jauge et n'est donc pas adapté.

La première et la seconde attitude conduisent à affiner des modèles pour résorber l'anomalie dans le cadre d'une même théorie, la troisième conduit à changer de théorie.

Seule une jauge nulle permet une invariance de jauge compatible avec n'importe quelle vision du monde, adaptée à *toutes* les symétries. Mais une jauge nulle est incompatible avec la mesure. Une expérience ne peut être menée qu'avec une jauge non nulle : *elle est donc condamnée à déceler des « anomalies »* ce qui amène la science à affiner continuellement ses modèles et à changer discontinument de théorie (de paradigme) *sans pour autant pouvoir se rapprocher d'une quelconque « vérité ».*

L'histoire de la science est ponctuée de sauts paradigmatiques provoqués par des « anomalies » expérimentales : la relativité (d'abord restreinte puis généralisée) est née suite au « constat » de l'invariance (relative) de la vitesse de la lumière, la mécanique quantique suite au « constat » du caractère discret de l'effet photo électrique.

L'anomalie est le moteur de la science.

La tendance première est de la mettre « sous le tapis », comme c'est actuellement le cas pour certaines expériences qui remettent en cause la parfaite isotropie de la vitesse de la lumière dans l'espace. Comme la vitesse de la lumière est une « constante relative », il n'y a là rien de fondamentalement « anormal » et rien n'empêche d'imaginer une théorie qui fasse varier la vitesse de la lumière.

Chaque théorie est accompagnée de son cortège de formes issues de la vision du monde qu'elle représente : cristaux, microbes, cellules, gênes (le code génétique est l'avatar moderne des nombres pythagoriciens qui numérisaient chaque type d'êtres vivants), chromosomes, atomes, photons, mésons π, quarks, boson de Higgs, espèces, dinosaures, néanderthaliens par exemple. Elle constitue un guide pour les expériences qui permettent de les ex-ister. L'existence des formes est anticipée par la théorie : *une théorie crée, mais ne découvre pas*.

Seules les expériences à jauge nulle sont prémunies contre le risque d'anomalies. Ces expériences, bien que non réalisables, sont très prisées des physiciens, ce sont les « *expériences de pensée* », expériences *imaginaires*.

Une expérience de pensée est une expérience qui s'affranchit de la corrélativité du repéré et du repérant, qui transgresse la relation d'invariance $(\boldsymbol{CPT})^2 = \boldsymbol{1}$ (ou $\boldsymbol{CPT} = \boldsymbol{1}$ si on se limite au monde à chiralité gauche) liant la courbure de l'espace au sens du temps dans toute expérience à jauge non nulle (tout le monde peut constater qu'on ne peut visionner un film à l'envers).

L'expérience de pensée est une expérience idéalisée qui ignore que le temps, contrairement à l'espace, est asymétrique, asymétrie à l'origine du second principe de la thermodynamique. Ces expériences de pensée correspondent aux réactions dites « réversibles » de la physique, qui ne tiennent pas compte des « frottements », manifestation de l'asymétrie temporelle en cas de jauge non nulle.

Considérer ces expériences comme réalisables mène à des paradoxes, des sophismes (tels que « le test de la bombe » qui permettrait de tester une bombe sans avoir à la manipuler : voir **annexe 12**).

L'asymétrie temporelle est étroitement liée à la notion d'*entropie.*

L'entropie, l'asymétrie temporelle et la température

Dès que le point devient « boule orientable », l'espace supersymétrique « se brise » et devient simplement symétrique, entropisé. La direction, qui était indifférenciée, se différencie, à l'origine de la courbure-torsion, du local et du global, de la masse spinorielle.

Direction, masse, spin ne sont pas explicables par la physique, *ils permettent la physique*. Ils résultent d'une vision décohérante du monde, différenciant les degrés de liberté. *La décohérence est irréversible*. Un film ne peut être visionné à l'envers, sauf s'il ne représente que des points.

La mesure est décohérence irréversible, d'où l'asymétrie du temps, qui naît de la mesure. L'inversion du temps n'est possible que dans l'espace supersymétrique respectant la relation d'invariance

$$(CPT)^2 = 1$$

Un espace simplement symétrique conduit à séparer temps et espace et à briser la symétrie temporelle de cette relation. Soit on choisit le monde de la matière blanche, de l'énergie-masse positive et du futur en retenant

$$CPT = 1$$

soit celui de la matière noire, de l'énergie-masse négative et du passé en retenant

$$CPT = -1$$

L'espace-temps devient entropisé : inverser le temps nécessite corrélativement de changer la parité de l'espace, en inversant sa courbure.

Ce *choix* entre monde de matière blanche ou monde de matière noire est nécessaire pour séparer l'espace du temps, mais il est à la fois *arbitraire et irrémédiable.* Une symétrie brisée ne peut plus être recollée que par la pensée, c'est-à-dire à jauge nulle, dans une expérience de pensée.

Seules les expériences à jauge nulle, les expériences de pensée encore appelées transformations « réversibles », permettent de s'affranchir de l'asymétrie temporelle en rendant le temps symétrique. *Mais elles ne sont pas observables.*

La progression du temps vivant qui est succession de mesures accroît la décohérence. *L'entropie est la mesure de cette décohérence.* Elle se calcule à partir du logarithme du nombre d'états (indiscernables) pouvant être pris par un système discernable. L'entropie n'a aucune autonomie : elle est corrélative d'une vision du monde, d'une différenciation des degrés de liberté de cette vision. *L'entropie est séparation : elle résulte de la négation du chaos, acte inexplicable, et est génératrice de cosmos.* Elle correspond à *l'information,* qui mesure le degré d'hétérogénéité d'un système, et dépend de la vision dont ce système est issu.

Sur son espace des phases un système discernable d'entropie S occupe un volume υ d'autant plus grand que son entropie est élevée :

$$S = k \log \upsilon$$

k est la *constante de Boltzmann*. L'entropie « régionalise » l'espace des phases, le discernable ne pouvant être discerné qu'avec une finesse correspondant à la taille de chaque région.

Un système discernable de Gibbs-Einstein est un ensemble statistique dit « représentatif » ; il est caractérisé par des *moyennes statistiques* (pression, température pour un gaz, par exemple), les caractéristiques détaillées de sa configuration étant *délibérément* ignorées, « oubliées ».

L'évolution « spontanée » (sans recohérence) d'un tel système discernable sur son espace des phases le fait passer par des régions de plus en plus grandes, son entropie croît avec le temps mort dispersif : c'est le deuxième principe de la thermodynamique. La signification profonde de ce principe est qu'un système évolue spontanément vers le chaos. Seul le ressaisissement néguentropique que constitue la réduction de la fonction d'onde du système, caractéristique du temps vivant, peut enrayer cette évolution spontanée, au prix d'une corrélative dépense d'énergie.

Cette croissance de l'entropie est indépendante du sens du temps : elle a lieu que l'on aille vers l'avenir ou le passé. Mais il faut choisir : on ne peut aller *à la fois* vers l'avenir et vers le passé. On ne peut se retourner dans le temps, car on *fait* le temps, il est toujours devant. Le temps n'a qu'une seule direction, il est asymétrique.

Ignorer cette asymétrie temporelle conduit à pratiquer la « rétrodiction » qui déduit les conditions « initiales » de l'univers à partir de ses caractéristiques actuelles et amène à la conclusion sophistique que ces conditions devaient être incroyablement pointues pour aboutir à notre monde. On ne peut « se retourner » vers le passé, à moins de le regarder dans un miroir : en se retournant on n'est plus à l'endroit où l'on s'est retourné (voir **annexe 9**). Tout comme on ne peut regarder que *vers* son ombre. C'est le sens profond du mythe d'Orphée et d'Eurydice.

Une vision du monde de plus en plus analytique (beaucoup de discernables ayant chacune peu de degrés de liberté), donc de plus en plus décohérante, accroit irréversiblement son entropie, en détruisant sa contingence ou complexité originelle. La fonction d'onde du monde est alors factorisée en un produit de fonctions d'onde. *La science est entropisation irréversible du monde.*

A l'inverse, la construction, par la *technique*, ou ustensilité, de systèmes organisés (peu de discernables ayant chacun beaucoup de degrés de liberté) est néguentropique. La technique, qui requiert l'*astuce*, se nourrit de l'entropie produite par le savoir.

La science ne peut répondre qu'à ses propres questions : elle procède, ainsi que s'en est rendu compte le philosophe, d'une *tautologie :*

« *l'explication n'est rien que la production d'une tautologie* »
(Hegel, dans la Logique d'Iéna, 1804-1805)

Ses réponses sont à l'origine de la technique. Mais la science est démunie face aux questions d'un enfant.

De même que la *vision dialectique*, conjuguant décomposition analytique et recomposition synthétique fait osciller l'univers entre contraction et expansion, elle le fait également osciller entre entropie de l'oubli et néguentropie de la mémoire.

Energie et entropie n'ont aucune autonomie : elles sont l'expression d'une vision dialectique du monde et sont rendues corrélatives par le truchement de la statistique qui s'exprime par la *température*. L'entropie correspond au coût énergétique de la *séparation* à une température donnée.

L'énergie d'un système discernable de Gibbs-Einstein est équirépartie entre tous ses états possibles (non discernables). La température T d'un tel système est, *par défini-*

tion, proportionnelle au logarithme du nombre de ses états possibles. La température, comme l'entropie ***S***, résulte d'une vision du monde *macroscopique*: entropie et température procèdent d'une approche statistique de systèmes discernables soumis au même hamiltonien.

Température et entropie sont des *grandeurs macroscopiques* permettant de paramétrer l'évolution relative d'un système discernable à partir de la notion de *mode de transfert* d'énergie : « ordonné » appelé « *travail* » et « désordonné » appelé « *chaleur* »*.*

Cette évolution est régie par les relations

$$\Delta E = W + Q$$

$$E = \frac{nkT}{2}, \quad dQ = Td\mathcal{S} \quad \Leftrightarrow \quad d\mathcal{S} = \frac{dQ}{T}$$

dans lesquelles, ***E***, ***W*** et ***Q*** représentent respectivement l'énergie interne, l'énergie transférée sous forme de travail et l'énergie transférée sous forme de chaleur pour un système macroscopique à ***n*** degrés de liberté. L'énergie interne est une fonction d'état intégrable, dont la valeur ne dépend que de l'état initial et de l'état final du système, contrairement au travail et à la chaleur, qui dépendent de la connexion, du chemin suivi, autrement dit du type de transformation ou entropisation du système.

Ces relations sont à l'origine des deux principes de la *thermodynamique* régissant l'équilibre du non séparé (1er principe) et l'évolution du séparé (2ème principe) d'un système discernable. Elles signifient que l'univers ne peut évoluer que si on l'entropise en lui accordant des degrés de liberté, en le décohérant, en en faisant un cosmos séparable. Son évolution l'amène « spontanément », c'est-à-dire par le truchement du temps mort dispersif, à s'équilibrer dans le chaos inséparable. *Cosmos et chaos sont corrélatifs, ils se co-fondent*. L'un ne va pas sans l'autre, tout comme le froid (l'hétérogène) et le chaud (l'homogène).

Une source d'énergie à l'équilibre thermodynamique avec son « milieu » est inutilisable pour l'évolution. Seule l'hétérogénéité (source chaude/source froide, individu/milieu) est susceptible d'évolution, de transfert ou *diffusion*.

La diffusion ou transfert de chaleur dans un milieu homogène sans production de chaleur est régie par la relation

$$\frac{\partial T(t, x^i)}{\partial t} = D\nabla^2 T(t, x^i)$$

dans laquelle **D** représente le coefficient de diffusion du milieu. Cette relation est une relation du type Schrödinger dans laquelle le temps n'est plus imaginaire, mais réel. Elle traduit le caractère fondamentalement dissipatif ou « diffusif » du temps mort de la physique. La diffusion thermique, ou diffusion de probabilité, est une manifestation de la temporalité dans un univers hétérogène. Encore appelée influence à distance, son expression physique est *l'onde*, temporo spatialisation de la discrétude, formalisant toute *détection*, simple traduction d'une logique aoriste.

La température nulle (exprimée en degrés Kelvin) n'est pas observable : elle suppose un seul degré de liberté, ce qui revient à nier la liberté. Lorsqu'on s'en rapproche, la variation d'entropie devient très importante pour une faible variation de chaleur, ce qui se traduit par un « changement de comportement » du système (par exemple la superfluidisation, la supraconductivité électrique) correspondant à une diminution de degrés de liberté du système. Ces phénomènes, qui résultent d'un changement de vision, sont interprétés comme des « brisures spontanées de symétrie ». Ils ne peuvent être maintenus qu'en restant « isolés ».

Dans ce cas, la statistique unique de Boltzmann (à distribution gaussienne) à laquelle était soumis le système discernable est brisée en deux statistiques corrélatives correspondant au couple quantité/qualité : la statistique fermionique exclusive (statistique antisymétrique du fermé, de l'hétérogène, du nombre) de Fermi-Dirac et la statistique bosonique agrégeante (statistique symétrique de l'ouvert, de l'homogène, de la grandeur) de Bose-Einstein. Le principe d'équirépartition de l'énergie n'est plus pertinent. Le système acquiert un comportement ordonné correspondant au phénomène dit de « condensation de Bose-Einstein » dans lequel les échauffements et les résistances disparaissent. L'alignement (le travail) prend le pas sur la moyenne (la chaleur du frottement interne) ; il est à la base des notions de *rendement* et d'*efficacité*.

Ce « changement de phase » est à l'origine, par exemple, de l'apparition de cellules de convection dans un fluide chauffé ou de la transformation d'eau en glace. Il est comparable au phénomène d'une troupe désordonnée qui se met spontanément à marcher au pas cadencé. Il correspond à un changement de la nature de ce qui est privilégié dans la vision : le mode au lieu de la moyenne. Lorsque l'isolement permettant de maintenir le mode cesse, le phénomène disparaît : les cellules de convection s'évanouissent si le liquide est remué, la glace fond.

L'entropisation est mise en relation multilatérale et mène au chaos contingent, la désentropisation est isolement par la relation 1-1 et mène au cosmos déterministe. L'isolement a pour rançon l'énergie, en relation d'incertitude avec la durée lorsque la jauge est non nulle. Un système est d'autant plus fugace qu'il est néguentropique, sophistiqué. Le chaos seul est robuste. L'isolement de l'un par rapport au multiple (isolement quantique) est l'enjeu des « nanosciences », enjeu à l'horizon irrémédiablement borné, dans la mesure où l'un et le multiple se confondent et sont inséparables. Le seul atome est le Tout et il faut toute l'énergie du monde pour l'isoler et en faire un point.

La statistique boltzmannienne opère sur des *collections* (le gaz, le peuple, l'espèce, la société …) et ignore *par définition* les degrés de liberté des *individus* qui les composent. L'optimum individuel n'a pas de sens dans une telle statistique, sauf à l'assimiler *par définition* à l'optimum collectif, comme le fait la doctrine utilitariste de Bentham et des philosophes radicaux : le « bonheur » (l'optimum) de l'individu est alors *défini* comme étant le bonheur (l'optimum) de la collection qu'il compose. C'est d'ailleurs l'assimilation qu'opèrent, sans toujours s'en rendre compte, les théoriciens économistes. *La science économique et la statistique sont étrangères au comportement individuel.* Une société « à l'optimum économique » peut s'avérer invivable pour ses sociétaires. Bonheur du peuple (le désirable) et bonheur des individus qui le composent (le désiré), bien qu'ils se co-fondent, ne peuvent être confondus.

Toutes les idéologies collectivistes et les théories qui les sous-tendent, en vertu desquelles l'optimum collectif coïnciderait avec l'optimum individuel, sont assises sur cette assimilation *postulée* de l'optimum individuel à l'optimum collectif.

Les deux types de visions, macroscopique ou microscopique, débouchent sur deux types de physiques, classique ou quantique, dont aucune ne peut prétendre être la « vraie ». Chacune permet des techniques (rapports d'ustensilité) spécifiques. Mettre en œuvre une technique particulière nécessite de *contraindre* sa vision à être soit de type macroscopique, soit de type microscopique : toute technique est aliénante.

L'expérience, qui est rapport d'ustensilité, ne peut fournir de critère de vérité à qui rechercherait « la vraie physique ». Tout au plus permet-elle de tester l'adéquation du repérant au repéré, adéquation indispensable pour construire un cosmos.

Les *ensembles de Mandelbrot* illustrent l'infinie sous-détermination de la construction d'un cosmos.

L'ensemble de Mandelbrot

Un ensemble de Mandelbrot se définit très simplement à partir d'une fonction de récurrence ou connexion f sur le plan complexe $\mathbb{C}$:

$$z_n = f(z_{n-1}) \quad \text{par exemple} \quad z_n = (z_{n-1})^2 + K$$

L'ensemble $\mathfrak{M}$ des « points K » de $\mathbb{C}$ rendant la fonction f « convergente » est un ensemble de Mandelbrot (voir **annexe 13**).

La notion de « point » est associée à celle de *constante de structure fine* et celle de convergence à la valeur maximale de n, autrement dit à celle de borne temporelle de convergence, c'est-à-dire de *jauge*.

Si l'ensemble $\mathfrak{M}$ est connexe, il y a cohérence ou adéquation entre la connexion, la constante de structure fine et la jauge. *Cette cohérence permet de créer une « chose ».*

Pour une constante de structure fine donnée, on peut toujours aboutir à un ensemble $\mathfrak{M}$ connexe, à condition de prendre une jauge appropriée. Cela correspond au domaine de stabilité de la « chose ». Les particules de la famille électronique sont plus stables que celles de la famille muonique, qui sont elles-mêmes plus stables que celles de la famille tauique. Leurs domaines de convergence sont différents.

Pour une jauge nulle (n pouvant aller jusqu'à l'infini), il est toujours possible de trouver une constante de structure fine rendant l'ensemble 𝔐 connexe : quelle que soit la connexion f, il est possible de trouver une théorie qui lui corresponde. Pour une constante de structure fine donnée, une jauge trop « grossière » (n maximum insuffisant) ne permet pas d'assurer la connexité de 𝔐 : il n'y a pas de théorie compatible avec la connexion f. Pour n donné (une jauge donnée), une constante de structure trop fine n'assure plus la connexité : la théorie perd sa cohérence.

Pour une connexion f donnée (correspondant à une vision du monde, à une théorie) jauge et constante de structure fine sont corrélatives, en relation symplectique : elles sont reliées par une relation d'incertitude.

Ce qui signifie que toute théorie « mesurable » ou modèle comporte un seuil de résolution, en deçà duquel ce modèle perd sa cohérence.

Cette perte de cohérence se traduit par une *déstructuration,* ou décristallisation, à l'instar du phénomène de transition vers une phase « vitreuse » observé par les théoriciens du signal : celui-ci perd alors tout sens pour son récepteur qui devient de ce fait transparent à son égard, incapable de le différencier.

Les ensembles de Mandelbrot 𝔐 obtenus en faisant varier la constante de structure fine (la finesse de résolution ou facteur linéaire d'agrandissement) font apparaître des *structures fractales* qui sont connexes (peuvent se déduire par continuité l'une de l'autre) jusqu'à un certain seuil d'agrandissement (dépendant de la borne n retenue pour les calculs de convergence) puis se dispersent *fractalement* au-delà de ce seuil, apparaissant et disparaissant au gré de l'adéquation de la constante de structure fine et de la jauge, avatar d'une réduction de fonction d'onde. La fractalité est une conséquence de l'analycité.

Toute « chose » inhérente à une vision s'évapore lorsqu'on essaie de la « décortiquer » : *l'explication tue la compréhension.* Explication et compréhension sont en relation d'incertitude. Ce qui s'explique parfaitement est incompréhensible, ce qui se comprend parfaitement est inexplicable : esprit de géométrie et esprit de finesse, à l'origine des deux grands types de raisonnement, par récurrence (fermé) et par l'absurde (ouvert). L'explication (la *finitio*) relève de l'immanence, la compréhension (la *definitio*) de la transcendance. Comme l'a montré Gödel aucun système formel finitiste ne peut être *à la fois* consistant (non contradictoire) et complet (décidable) : les mathématiques classiques ne peuvent trouver de fondement que dans le néant.

Les zones connexes des ensembles 𝕸 correspondant à une certaine connexion f sont à l'origine du *mouvement brownien,* discontinu et aléatoire, conséquence de la « tolérance » permise par une connexion à jauge non nulle, contrairement au continu rigide et déterministe caractéristique d'une connexion à jauge nulle.

L'ensemble de Mandelbrot 𝕸 correspondant à la fonction $z_n = (z_{n-1})^2 + K$ illustre la divergence des solutions à l'équation relativiste de Dirac pour les particules spinorielles massives telles que l'électron (voir plus haut) en cas d'inadéquation de la jauge avec la constante de structure fine : $\displaystyle{\not}p^2 + M^2 = 0$. La manifestation de cette divergence est appelée *diffraction*.

Toute théorie possède son seuil de divergence, son « domaine de validité » spécifique, qu'il est tout aussi important de connaître que ses conclusions. « Unifier » plusieurs théories avec une jauge non nulle revient à vouloir comparer l'incomparable. Selon qu'il reconnaît ou méconnaît son domaine de validité, un savoir peut révéler ou masquer notre ignorance.

La quête de sens, le besoin d'avoir une histoire, d'être situé, est à l'origine des généalogies, qu'elles soient celles de Mathusalem ou de l'homo sapiens : le big bang il y a 14 ou 15 milliards d'années, la vie sur terre il y a quelques milliards d'années, les algues primitives, la dérive des continents, les dinosaures il y a cent ou deux cents millions d'années, la musaraigne, les grands singes, l'homo sapiens, et extinction du soleil dans quelques milliards d'années. Tout cela est décrit par la science avec plus ou moins de détails : on s'est même attelé à raconter les premières minutes de l'univers.

Mais comment ne pas être perplexe devant une telle « histoire » quand on sait que la mécanique du système solaire diverge au-delà de quelques dizaines de millions d'années ?

Il en va de même pour le « climat » : comment comparer des approches où l'unité temporelle est l'année avec d'autres où l'unité est de l'ordre du millénaire ou de la dizaine de millénaires ? C'est vouloir unifier deux structures disjointes, déconnectées, correspondant à deux finesses de résolution différentes. Elles ne peuvent être reconnectées que par un acte *arbitraire* de création. En choisissant des connexions appropriées, on pourrait « démontrer », par exemple, que l'implantation d'éoliennes sur les parcours de vents modifie le climat.

En résumé

Une vision du monde est une *dialectique* reposant sur deux composantes inséparables, corrélatives : l'*analyse* et la *synthèse* : il ne peut y avoir de synthèse sans analyse et réciproquement.

L'analyse est *temporalisante et localisante*. Elle est désintégration, mesure, quantification, maniement du dénombrable, elle met la totalité en lambeaux, transforme l'ensemble en collections de collections dénombrables.

La synthèse est *spatialisante et globalisante*. Elle est collage hausdorffien préservant l'ouvert, la séparation. Elle est mise en présence des lambeaux les uns avec les autres.

La dialectique est *connexion*, couture des lambeaux. Elle est le manque, qui associe un manquant et un manqué corrélatifs. Il n'y a pas de dialectique sans connexion. La connexion est *création*. Elle permet de sortir de l'immanence : elle est transcendance. Une dialectique nécessite trois ingrédients corrélatifs : jauge, structure fine et connexion. Elle est tri unitaire.

La dialectique est à l'origine de l'*espace-temps,* variété riemannienne connectée, à qui elle imprime une courbure locale et une torsion globale. L'espace-temps est *fabriqué* pour permettre d'observer, d'ex-ister la dialectique qui le sous-tend, de la *chosifier.*

La chosification ou ex-istence exige une *jauge non nulle*.

La non nullité et l'invariance de jauge ont pour conséquence un espace-temps à la fois en *contraction* pour permettre le développement de l'analyse et en *expansion* pour assurer la corrélative synthèse ou unification : expansion et contraction de l'univers sont corrélatives et résultent du dépassement dialectique analyse/synthèse. Elles permettent l'augmentation du *pouvoir de séparation* d'une vision du monde (voir **annexe 13**).

Le développement dialectique de l'analyse et de la synthèse en présence d'une jauge non nulle, à l'origine de la chosification, se heurte à une *limite de connexité* au-delà de laquelle apparaît l'anomalie, la divergence : l'espace-temps n'est plus adapté à la chosification. Les trois ingrédients de la dialectique ne sont plus cohérents : il faut alors fabriquer un nouvel espace-temps, changer de *théorie*.

Seule une jauge nulle permet de s'affranchir de la limite de connexité : mais la *chose* ne peut plus être observée, elle devient *verbe*.

A l'instar de cosmogonies jugées « mythiques » une vision du monde « scientifique » repose sur un espace-temps variété riemannienne, collage hausdorffien de cartes, qui reposent elles-mêmes sur le *néant* (voir **annexe 15**).

Alors que le rapport à l'être est rapport de *création*, le rapport à la chose est rapport de *possession (ἕξις* ou *habitus,* ou encore *vāsanā* sanskritique*)*, à l'origine de l'avoir et de la propriété, et rapport d'*ustensilité* à l'origine du faire et de la technique.

La chosification est nihilisme : elle consiste à affirmer le Tout *ou* Rien et à nier le Tout *et* Rien.

L'*unification* ou recherche du « meilleur des mondes » est fermeture-isolement. Associée au nihilisme, elle débouche sur deux attitudes possibles corrélatives :

- l'annihilation inclusive, ou totalitarisme, obéissant à une statistique quantitative
- la création exclusive, ou singularisme, obéissant à une statistique qualitative

L'une comme l'autre ne peuvent aboutir et se rejoindre qu'à jauge nulle, c'est-à-dire à la nuit des temps : dans le premier cas, la singularité se résorbe dans la totalité, dans le second, la totalité se résorbe dans la singularité.

Les idéologies qu'elles ont inspirées s'appellent respectivement communisme et individualisme, produisant l'une une société où l'individu s'efface au profit de la collectivité, société totalitariste de justice sans liberté, du faire et de l'utile, des devoirs sans droits, l'autre une société singulariste de liberté sans justice où la collectivité s'efface au profit de l'individu, société de l'avoir et du paraître, des droits sans devoirs.

Le nihilisme est affirmation *ou* négation *exclusives* du néant, alors que celui-ci ne peut être qu'affirmé *et* nié *à la fois* : nié, il est à l'origine de l'être ; affirmé, il est à l'origine du non-être ou passé-devenir, qui est inséparable de l'être au sein de la totalité : être et non-être sont séparés par le néant et se co-fondent. Le vrai ne peut être « absolument » vrai que s'il est *en même temps* faux. Sinon, il n'est que du *vraisemblable*.

Le refus du nihilisme est acceptation du Tout *et* Rien : il est reconnaissance de l'épaisseur de la limite, c'est-à-dire du doute. Il condamne l'homme à se débattre en permanence dans la contradiction, sans espoir aucun d'en sortir un jour, conséquence d'une jauge non nulle : *l'enfer, c'est la jauge*.

La seule façon pour lui d'échapper à la contradiction serait de renoncer à l'unification de ce qu'il a lui-même séparé, autant dire renoncer à la condition humaine.

L'homme n'a donc d'autre choix que d'accepter la contradiction et poursuivre indéfiniment le mirage de l'Unité, vivre au quotidien la révolte camusienne, « relativisme passionné », errant de limite en limite à la lumière de la raison, pris dans le maelström d'une révolution permanente oscillant entre justice et liberté. Solitaire et solidaire à la fois, exilé dans son propre royaume.

Car il est toujours très agaçant pour soi et pour autrui de se (ou le) poser *face* à ses contradictions, de se (le) transformer en *objet*. Il vaudrait mieux ne rien dire, *ne pas jauger*, mais on ne peut s'en empêcher : orgueil humain (ὀργίζω : je m'irrite, j'irrite), ressort du désir et de la volonté d'être.

« Ne jugez point »
(Evangile de Matthieu, 7.1, 2ème moitié du 1er siècle)

Mais, comme s'en est rendu compte Gödel, l'homme, dans son immanence, ne peut juger qu'au nom d'une autorité transcendante.

Conclusion

De tout temps, l'homme a manifesté une solide aversion pour le néant, et corrélativement une conviction, implicite ou explicite, à caractère philosophique, religieux et/ou scientifique, en l'existence d'un absolu qui seul permet une vue synoptique, mais illusoire, sur le contingent.

« Que le seul objet de tes pensées soit l'existence absolue de l'Etre… de quoi pourrait-on dire qu'il a été engendré ? Par quel moteur aurait-il grandi et se serait-il développé ? Par l'effet de quelque chose qui ne serait pas l'être, qui serait donc du néant. Je te défends de dire une chose pareille. Car s'il venait du néant, qui n'a, lui, ni nécessité, ni devenir, pourquoi l'Etre eût-il jailli de ce Non-Etre à un moment donné ? Il faut que l'Etre soit absolument, ou pas du tout.
Rien ne peut me persuader que du néant puisse naître quelque chose qui se juxtapose à lui. »
(Parménide, philosophe présocratique, De la nature, fragment 8 restitué, Vème siècle avant JC)

« La nature a horreur du vide »
(Aristote, IVème siècle avant JC)

« Ne laissez jamais la sombre mentalité relativiste et nihiliste qui touche diverses parties de notre monde ouvrir une brèche dans votre réalité. »
(le pape Benoît XVI s'adressant aux Africains, cité par le journal Les Echos du 6 septembre 2012)

Cette aversion a amené l'homme à transgresser deux prescriptions :

- l'une à caractère religieux, interdisant de nommer Dieu
- l'autre à caractère scientifique, le principe de Mach interdisant les espaces de plongement.

Ces transgressions ont pour conséquence la chosification et le nihilisme par lesquels la forme acquiert une existence autonome et s'émancipe de la vision qui l'a créée. La « chose », résultat de cette chosification, a pour corollaire des « lois de l'univers » qu'il faut découvrir pour comprendre et prévoir l' « évolution » des choses.

Le scalaire invariant relativiste devient invariant tout court, « valeur ».

« L'idée de Marx est donc la suivante: de même qu'à nos représentations correspondent des objets réels hors de nous, de même à notre activité phénoménale correspond une activité réelle hors de nous, une activité des choses; en ce sens, l'humanité ne participe pas seulement à l'absolu par la connaissance théorique, mais encore par l'activité pratique ; et toute l'activité humaine acquiert ainsi une dignité, une noblesse qui lui permet d'aller de pair avec la théorie. L'activité révolutionnaire a désormais une portée métaphysique...»
(Lénine, Matérialisme et empiriocriticisme, 1908)

Chosifier, c'est faire d'une bulle une membrane manipulable. La représentation ou image devient idole tangible, simulacre résultant de simulations et ressortissant au probable, au vrai-semblable.

« Bien que nous n'ayons pas encore trouvé la forme exacte de toutes ces lois, nous en savons déjà assez pour déterminer ce qui arrive dans toutes les situations, sauf les plus extrêmes. Quant à savoir si nous trouverons les lois manquantes dans un avenir relativement proche, c'est une question d'opinion. Je suis optimiste : je pense que nous avons une chance sur deux de les trouver d'ici vingt ans. »
(Stephen Hawking, Trous noirs et bébés univers, 1993)

C'est oublier que Dieu ou l'espace de plongement, s'ils sont ex-istés, ne peuvent être que néant.

Le dépassement dialectique entraîne l'homme à tomber de chosification en chosification, à la vaine recherche d'une chose qu'il pourrait enfin saisir sans qu'elle s'évanouisse entre ses mains.

La compréhension est fulgurance insaisissable, l'explication se referme sur le néant, seul point fixe inaltérable et ultime connexion, garant de l'intelligibilité du monde et de la solidarité des hommes.

« Glissez, mortels, n'appuyez-pas ! »
(Jean-Paul Sartre, Les mots, 1964)

$$\text{les lois de la nature} = \langle\varphi|\varnothing|\varphi\rangle$$
$$\langle\varphi| = \text{les lois}, \ \varnothing = \text{le néant}, \ |\varphi\rangle = \text{la nature}$$

« Mais la nature, comme objet de la connaissance dans une expérience, avec tout ce qu'elle peut contenir, n'est possible que dans l'unité de l'aperception. Or, l'unité de l'aperception est le principe transcendantal de la conformi-

té nécessaire de tous les phénomènes à des lois dans une expérience. »
(Kant, 1ère édition de la Critique de la raison pure, IV, 93, 1781)

La nature ne produit rien d'elle-même : « nature » et « lois de la nature » se co-fondent au sein du néant et leur distinction résulte de la dislocation de ce dernier par l'axiome de choix et l'adoption d'une jauge non nulle, indispensables à la physique. Mais une telle *séparation,* à l'origine de la négation et du rien/quelque chose, génératrice de temps et d'espace, d'être et de devenir, est condamnée à une irréductible inadéquation de ses deux termes. Séparation et choix, expressions du libre arbitre de l'homme en action, ne sont pas, et ne peuvent être, justes. D'où l'angoisse de l'homme devant sa liberté : justice et liberté sont en relation d'indétermination, indétermination qu'il cherche inlassablement à lever par la *croyance* scientifique, philosophique ou religieuse.

« L'homme est fait de sa foi. Il est ce qu'est sa foi. »
(La Bhagavad Gītā, 17,3 entre Vème et Ier siècle avant JC)

Expression d'un irrépressible besoin de connexion au néant pour dépasser la machine aveugle livrée à elle-même, la décidabilité, bord auquel s'arrimer, justification de l'opinion *droite*, du *bon* choix et du *bon* sens, est un miracle auquel il faut croire pour chercher. Une machine, l'homme se faisant lui-même robot, peuvent certes apprendre, mais, ne pouvant croire, ils ne peuvent rien apprendre d'*orignal* et sont condamnés à l'enfermement.

Seul Dieu peut tirer le rien et le quelque chose du néant, et il le fait par l'Homme qui ne peut qu'assumer cette séparation-contradiction libertogène.

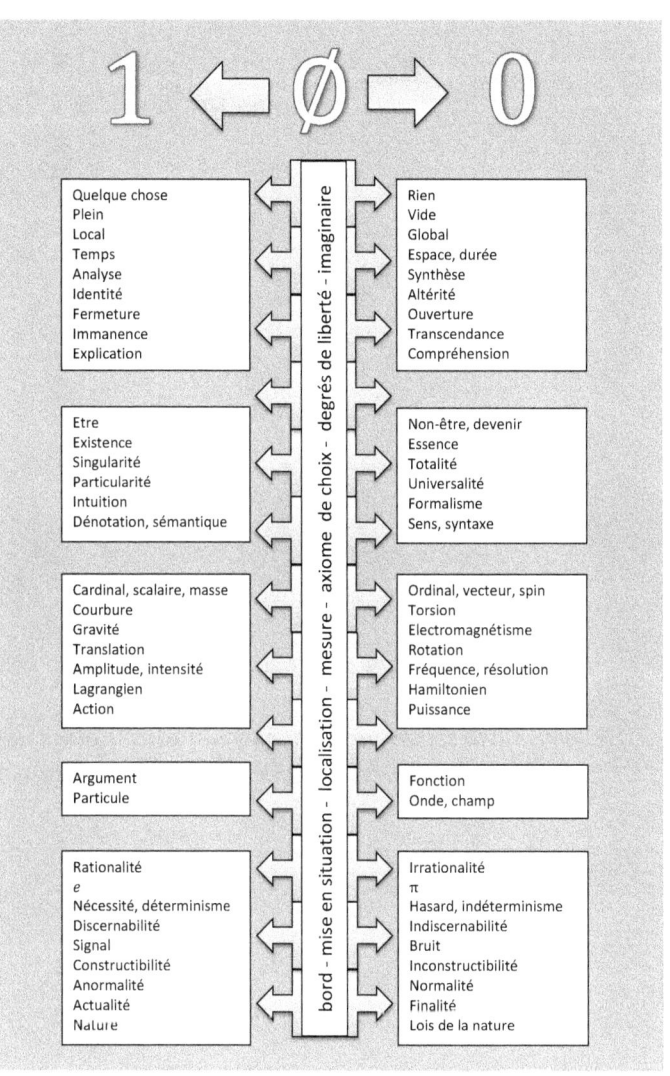

La séparation et le jeu de la mise en adéquation

Trigramme de la séparation : 'ayn (le séparant ésotérique) - sîn (la séparation) - mîm (le séparé exotérique)

Annexe 1.
Symétries

SYMETRIE ORIGINELLE

Symétrie du néant : le soi est en-soi, il n'y a ni temps ni espace.

PREMIERE BRISURE DE SYMETRIE

Supersymétrie spatio-temporelle : temps et espace sont indistincts, l'en-soi est présent à lui-même, il est pour-soi, distinction entre énergie positive et énergie négative, entre intérieur et extérieur, pas de localisation ni métrique.

DEUXIEME BRISURE DE SYMETRIE

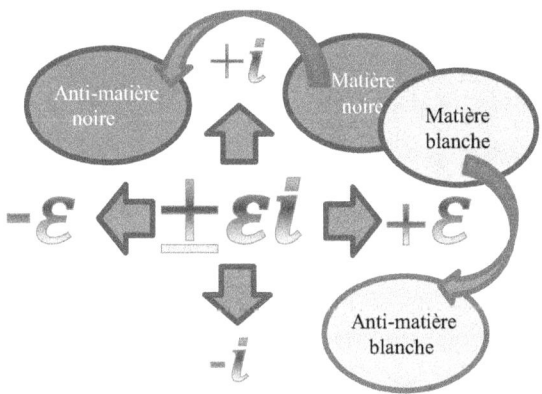

Symétrie spatio-temporelle : temps et espace sont distincts, l'en-soi est pour-soi temporel et le pour-soi est pour-autrui spatial, distinction entre matière blanche à chiralité gauche et matière noire à chiralité droite, distinction local/global, possibilité d'une métrique.

LES DEUX AXES DE LA DIALECTIQUE

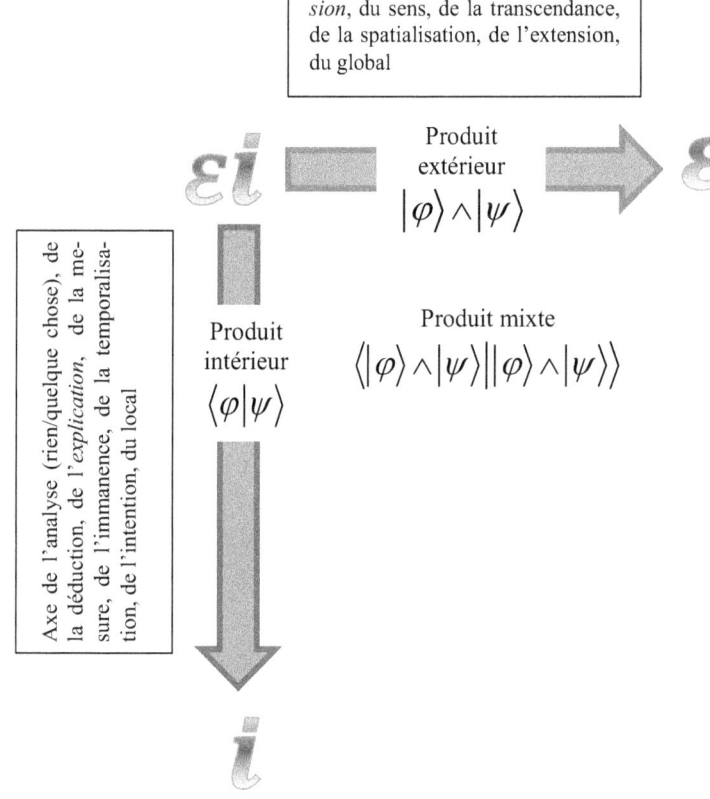

Annexe 2.
La censure cosmique

Un trou noir est présenté comme une région de l'espace-temps dans laquelle, suite à un « effondrement gravitationnel » de matière, l'attraction gravitationnelle est devenue tellement intense que la lumière ne peut s'en échapper.

Une telle présentation est un artifice, une *censure cosmique*, destinée à masquer ce qui ne peut pas être expliqué par la théorie, ses domaines de divergence, ses *singularités*.

Le trou noir « se produit » lorsque la masse localisée fermionique est en excès par rapport à l'énergie ubiquiste bosonique. La matière excédentaire est vidangée à travers un « horizon des évènements » spatio-temporel qu'aucune « information » ne peut traverser. Le phénomène démarre par une violente explosion (supernova très lumineuse) et se poursuit par la vidange proprement dite, jusqu'à ce que le rapport masse fermionique localisée/énergie bosonique ubiquiste soit redevenu compatible avec la théorie.

Dans le cas simplifié d'un espace-temps à métrique lorentzienne et à symétrie sphérique dans lequel toute la masse est concentrée en un point, l'application des équations du champ d'Einstein en coordonnées sphériques définit une métrique dite de *Schwarzschild* présentant une discontinuité pour un rayon r_0 appelé rayon de Schwarzschild, dont la valeur est liée au choix du système de cordonnées spatio-temporelles : $r_0 = \dfrac{2MG}{c^2}$

Si l'on procède à un changement de coordonnées idoine, la discontinuité disparaît et l'espace-temps ne présente aucune anomalie *sauf à l'origine qui est un point singulier*.

L'horizon d'un trou noir n'a aucune « existence matérielle » : il ne fait que « cacher » une singularité à l'observation. Sa position dépend du système de coordonnées choisi. C'est une 3-surface dématérialisée de l'espace-temps rendant une singularité inobservable.

Les singularités sont des conséquences de l'application de l'équation du champ d'Einstein dans le vide ($R_{ab} = 0$) et des divergences qu'entraîne cette application.

Un trou noir, quelle que soit l'origine de sa formation, homogénéise les structures matérielles qu'il « avale » en une seule configuration correspondant aux 10 symétries du groupe de Poincaré. Le volume qu'il occupe dans l'espace des phases est colossal. Son entropie est proportionnelle à la surface de son horizon.

De subtiles considérations théoriques permettent d'« évaporer » un trou noir en lui faisant reperdre par un très lent rayonnement bosonique la matière fermionique qu'il vidange au travers de son horizon. Masse vidangée et horizon du trou noir sont corrélatifs.

Le trou noir constitue un terme de bouclage pour les théories de relativité générale, rendu nécessaire par une vitesse de la lumière finie imposée par une mesure à jauge non nulle.

Il correspond à une relation d'incertitude du type :

$$e^2 = m^2.c^4 \geq 1 \quad \Rightarrow \quad h^2.J^2 \geq 1$$

h étant la constante de Planck et **J**² correspondant à la jauge, arbitraire, mais non nulle.

Annexe 3.
Le modèle standard

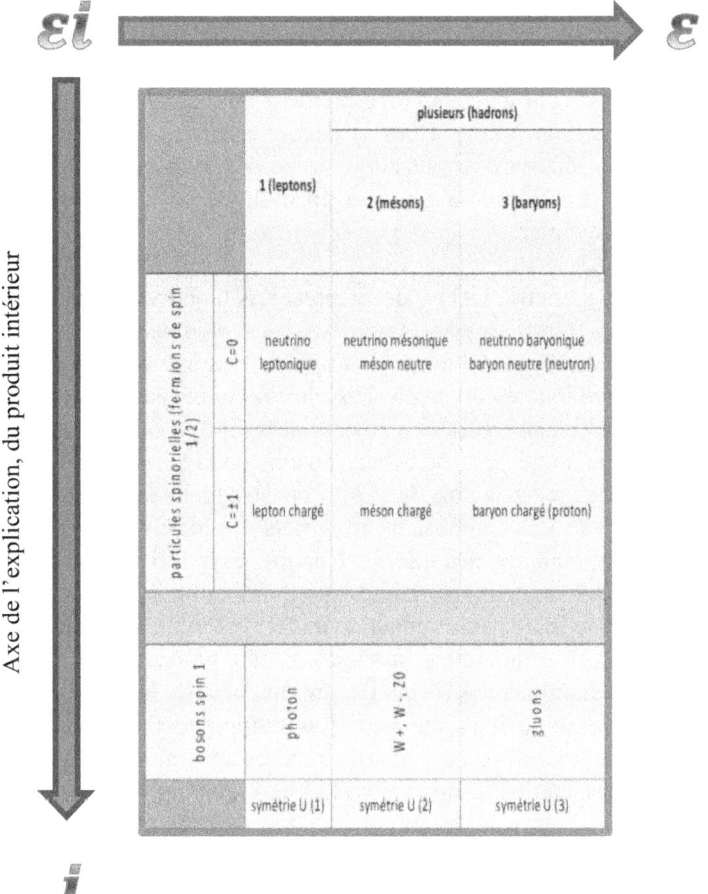

Le modèle standard correspond à une vision du monde unifiant les symétries U(1), SU(2) et SU(3), le « S » signifiant que seules les symétries directes (non réfléchies) sont prises en compte (matière blanche et matière noire sont séparées).

Le groupe de symétrie unifié est le groupe
$$SU(3) \times SU(2) \times U(1) / \mathbb{Z}_6$$

$\mathbb{Z}_6$ est le groupe cyclique des six racines complexes de l'unité.

Les « particules » correspondent aux générateurs de ce groupe de symétrie. Elles se décomposent en deux catégories corrélatives : les fermions (repérés) et les bosons (repérants). Les fermions ont un spin multiple de ½, les bosons un spin entier.

La symétrie U(1) a des générateurs mono vectoriels, les *leptons* fermioniques, associés à des *photons* (bosons de jauge distinguant l'avant de l'arrière). La symétrie SU(2) a des générateurs bi vectoriels, les *mésons*, hadrons bosoniques (bosons pseudo scalaires de spin 0 et bosons vectoriels de spin 1), associés aux bosons de jauge **W⁺**, **W⁻**, **Z⁰** (distinguant à la fois la droite de la gauche et l'avant de l'arrière). Les composants vectoriels des mésons, non autonomes, sont appelés *quarks*. Chaque méson bi vectoriel est constitué de deux quarks liés (un quark et un antiquark). La symétrie SU(3) a des générateurs tri vectoriels, les *baryons*, hadrons fermioniques, associés à huit *gluons* (bosons de jauge distinguant à la fois l'avant de l'arrière, la droite de la gauche, et le haut du bas). Les composants baryoniques sont des quarks ou antiquarks, repérés conventionnellement par une couleur (rouge, jaune, bleu), chaque baryon étant constitué de trois quarks de couleurs différentes. Quarks, antiquarks, couleurs permettent de formaliser les différentes symétries unifiées au sein du groupe de symétrie du modèle.

Les particules fermioniques et bosoniques ont des *charges quantifiées* correspondant aux différentes « forces vectorielles » auxquelles elles sont sensibles :

- force mono vectorielle ou électromagnétique : *charge électrique* (dont l'unité est la charge négative de l'électron ou positive du positron)
- force bi vectorielle ou nucléaire faible : *charge d'isospin faible*
- force tri vectorielle ou nucléaire forte : *charge de couleur ou hypercharge.*

Les leptons, les mésons et les baryons, qui sont autonomes, ont des charges électriques entières, positives ou négatives : par exemple -1 pour l'électron ou l'antiproton, +1 pour le positron ou le proton. Les quarks, non autonomes, ont des charges fractionnaires : +2/3 et -1/3.

Les hadrons (mésons et baryons) peuvent également avoir certaines configurations symétriques donnant une charge électrique nulle : par exemple le méson π^0 ou le neutron.

Quant aux leptons et hadrons à configuration supersymétrique ils correspondent aux insaisissables *neutrinos*. Ce sont les « riens » de « quelque chose » de bien précis.

Les bosons ont une charge électrique nulle, à l'exception des bosons **W^+** et **W^-** qui ont respectivement une charge électrique +1 et -1.

Les fermions se répartissent en trois familles :

- famille *électronique* s'ils sont repérés sur une seule direction spatiale
- famille *muonique* s'ils sont repérés sur deux dimensions spatiales

- famille *tauique* s'ils sont repérés sur trois dimensions spatiales.

Pour distinguer les quarks et antiquarks de chaque famille, il leur a été attribué des *saveurs* différentes : up et down pour la famille électronique, charm et strange pour la famille muonique, truth et beauty pour la famille tauique.

| | | **1** (leptons) | plusieurs (hadrons) ||
			2 (mésons)	**3** (baryons)
particules spinorielles (fermions de spin 1/2)	C=0	neutrino électronique	neutrino et neutron mésoniques	neutrino et neutron baryoniques
		neutrino muonique	neutrino et neutron muoniques	neutrino et neutron muoniques
		neutrino tauique	neutrino et neutron tauiques	neutrino et neutron tauiques
	C=1	électron et positron	quark up et quark down	proton et antiproton électroniques
		muon- et muon+	quark charm et quark strange	proton et antiproton muoniques
		tau- et tau+	quark truth et quark beauty	proton et antiproton tauiques
bosons spin 1		photon	W+, W-, Z0	8 gluons
		symétrie U (1)	symétrie U (2)	symétrie U (3)

		1 (leptons)	plusieurs (hadrons)	
			2 (mésons)	3 (baryons)
particules spinorielles (fermions de spin 1/2)	C=0	neutrino électronique	neutrino et neutron mésoniques	neutrino et neutron baryoniques
		neutrino muonique	neutrino et neutron muoniques	neutrino et neutron muoniques
		neutrino tauique	neutrino et neutron tauiques	neutrino et neutron tauiques
	C=1	électron et positron	quark up et quark down	proton et antiproton électronique
		muon- et muon+	quark charm et quark strange	proton et antiproton muoniques
		tau- et tau+	quark truth et quark beauty	proton et antiproton tauiques
bosons spin 1		photon	W+, W−, Z0	8 gluons
		symétrie U(1)	symétrie U(2)	symétrie U(3)

- le photon (force électromagnétique) agit sur la charge électrique
- les bosons W+, W−, Z0 (force nucléaire faible) agissent sur l'isospin faible
- les gluons (force nucléaire forte) agissent sur la couleur
- le graviton (force gravitationnelle) agit sur l'énergie-masse
- le boson de Higgs brise la symétrie spatio-temporelle

Toutes ces particules et leurs antiparticules associées sont « massifiées » par le truchement du *boson de Higgs*, boson de jauge qui les rend observables. Ce « boson de la localisation » a lui-même un spin nul et une masse non nulle indifférenciable, qui est un paramètre libre dans le modèle standard.

Quant au graviton, boson de jauge de la gravitation, boson de jauge des jauges, de spin théoriquement égal à 2, son appréhension est aussi problématique que celle de l'ensemble Ω de Cantor.

Les particules les plus lourdes, les plus énergétiques, ont les durées de vie les plus courtes en raison de la relation d'incertitude $E.t > h$, h étant la constante de Planck.

Seules les particules de la famille électronique sont observables aux échelles de temps courantes. Cette famille est dite « stable ». Les autres particules ne peuvent être observées que dans des conditions particulières, correspondant par exemple au rayonnement cosmique ou aux accélérateurs hadroniques (LHC). Quant aux neutrinos, leur détection est rendue particulièrement délicate du fait de leur masse infime et donc de leur très faible interaction avec les autres composants de la matière.

Il est frappant de constater les similitudes dans le cadrage et la démarche analytique de représentation-schématisation mises en œuvre dans le modèle standard et le plurimillénaire *Yi Jing, Livre des Mutations* chinois. Le groupe cyclique $\mathbb{Z}_6$ fait écho aux six lokas de la cosmologie du bouddhisme tibétain.

Annexe 4.
Constante de structure fine

Le groupe de symétrie unifié du modèle standard est le groupe SU(3) x SU(2) x U(1) / $\mathbb{Z}_6$.

La constante de structure fine ***k*** (ou « PGCD logarithmique ») doit vérifier la relation de fermeture

$$\left(\frac{C_1}{k^{1/1}}\right)^1 + \left(\frac{C_2}{k^{1/2}}\right)^2 + \left(\frac{C_3}{k^{1/3}}\right)^3 = 1$$

Dans laquelle les C_i représentent le nombre de configurations discernables dans les symétries S(i).

On a $C_1 = 3, C_2 = 3, C_3 = 5$, correspondant à :

- trois configurations discernables pour U(1) : $\vec{i}, \vec{j}, \vec{k}$

- trois configurations discernables pour SU(2) :
$\vec{i} \wedge \vec{j}, \vec{j} \wedge \vec{k}, \vec{k} \wedge \vec{i}$

- cinq configurations discernables pour SU(3) :
$\vec{i}, \vec{i} \wedge (\vec{j} \wedge \vec{k}), \vec{j} \wedge (\vec{k} \wedge \vec{i}), \vec{k} \wedge (\vec{i} \wedge \vec{j}), \vec{i} \wedge \vec{j} \wedge \vec{k}$

Ces cinq configurations correspondent aux cinq sens physiques : un sens monodirectionnel (le toucher), trois sens bidirectionnels (la vue, l'odorat et l'ouïe), un sens tridirectionnel (le goût). Elles correspondent également aux cinq genres premiers irréductibles dégagés par l'analyse platonicienne de l'altérité, aux cinq corps platoniciens : un corps à générateur monodirectionnel (l'hexaèdre ou cube à faces carrées), trois corps à générateur bidirectionnel (le tétraèdre, l'octaèdre, et l'icosaèdre à faces triangulaires équilatérales), un corps à générateur tridirectionnel (le dodécaèdre à faces pentagonales régulières)

monade (le scalaire ou l'énergie)
supersymétrie S(0) : ∅ , groupe fini $\mathbb{F}_0$
engendre le point ou la sphère

dyade leptonique (octave 2/1)
symétrie U(1) : ε soit $\left\{-\frac{1}{2}, +\frac{1}{2}\right\}$, groupe fini $\mathbb{F}_1$
engendre le cube ou hexaèdre (6 faces carrées)

dyades mésoniques (quinte 3/2)
symétrie SU(2) : ε, i soit $\left\{-\frac{1}{2}, 0, +\frac{1}{2}\right\}$, groupe fini $\mathbb{F}_2$
engendrent le tétraèdre, l'octaèdre, l'icosaèdre
(respectivement 4, 8 et 20 faces triangulaires équilatérales)

dyade baryonique (quarte 4/3)
symétrie SU(3) : ε, i, ω soit $\left\{-1, -\frac{1}{2}, 0, +\frac{1}{2}, +1\right\}$,
groupe fini $\mathbb{F}_4$ ou tétrade
engendre le dodécaèdre (12 faces pentagonales régulières)

avec $\varepsilon^2 = \omega^3 = i^4 = 1$ (ε correspond à la parité bosonique, i à la parité fermionique et ω à la parité des quarks)

Le carbone tétravalent de la chimie organique, les quatre bases nucléiques constitutives de l'ADN, les vingt acides aminés naturels, les codons trigrammes de l'ARN messager du code génétique standard sont des avatars des corps platoniciens. Les symétries de ceux-ci peuvent être reconnues dans les mandalas du bouddhisme tantrique. Le nombre douze est porteur d'une valeur symbolique d'achèvement (le douzième imâm du chiisme duodécimain, la douzième heure).

Le respect de la relation de fermeture donne :

$$\left(\frac{3}{k^{1/1}}\right)^1 + \left(\frac{3}{k^{1/2}}\right)^2 + \left(\frac{5}{k^{1/3}}\right)^3 = 1 \quad \text{soit :}$$

$$\boxed{k = 137}$$

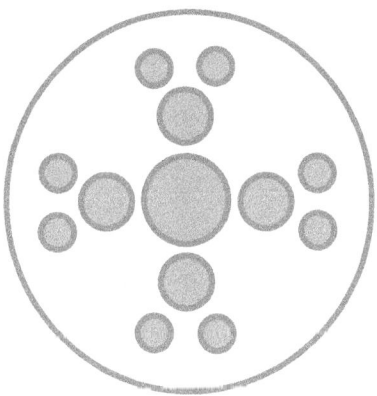

La spirale dans les cultures « primitives » (d'après un cliché de l'auteur)

Annexe 5.
Topologie des variétés riemanniennes

Les variétés riemanniennes sont obtenues à partir d'un collage hausdorffien de cartes ou d'une fonction holomorphe non nulle prolongée analytiquement. Les caractéristiques de la variété dépendent du nombre de points de branchement de la fonction et de leur ordre.

Par exemple la fonction $f(z) = \left(1 - z^3\right)^{1/2}$ correspond à deux nappes branchées en trois points de branchement finis $z = 1, z = \omega, z = \omega^2$ (les trois racines complexes de 1) ainsi qu'un branchement à l'infini. Ces branchements, reliés deux à deux, permettent le collage et sont à l'origine de la topologie de la variété riemannienne correspondante : le tore.

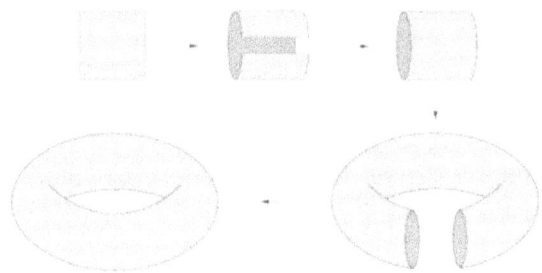

Les variétés sont classées par *genres* en fonction de leurs nombres de « poignées » :

- les variétés de genre 0 (sans poignée) sont sphériques,
- les variétés de genre 1 (à une poignée) sont toriques,

- les variétés de genre ≥ 2 (à plus d'une poignée) sont des « bretzels ».

Les variétés riemanniennes sont également caractérisées par leur *module* **m** distinguant les classes de variétés issues d'une même transformation holomorphe (conforme non réflexive) et le nombre de degrés de liberté **s** de ces transformations holomorphes. Ces caractéristiques *discrétisent* l'ensemble des variétés riemanniennes. Elles correspondent aux classes de cohomologie des faisceaux holomorphes. (g,s,m) sont des « nombres quantiques » caractéristiques de la *forme* des variétés riemanniennes.

Les variétés à structure simple sphérique peuvent avoir des formes très variées, alors que les variétés à structures plus complexes ont des formes plus contraintes :

$$g = 0 \Rightarrow s = 3, m = 0$$
$$g = 1 \Rightarrow s = 1, m = 1$$
$$g \geq 2 \Rightarrow s = 0, m = 3g - 3$$

Les variétés de genre ≥2 ne peuvent plus être tranformées continument en elles-mêmes car elles ne possèdent plus de degrés de liberté: $s = 0$. L'*infrastructure contraint la superstructure*.

Exemples de variétés topologiques de dimension 2 sphériques, toriques et bretzels plongées dans l'espace à 3 dimensions :

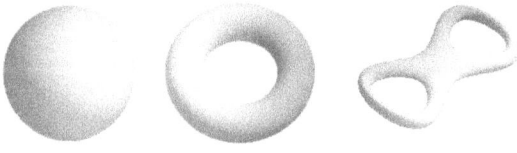

Certaines torsions particulières peuvent produire des variétés en *rubans de Moebius* ou en tores ou bretzels invaginés *non orientables* tels que la bouteille de Klein :

Toutes ces variétés, sauf la sphère, sont *multiplement* connexes, compactes et, à l'exception des rubans de Moebius, *sans bord.*

Exemples de variétés *non* compactes :

Une jauge non nulle nécessite de *sectionner* ces variétés pour leur attribuer des « conditions aux limites » (formes du vide et du plein par exemple) : ce sont les *bords* sur lesquels sont refoulés l'arbitraire et l'indéterminisme, enfermant une région caractérisée par la lissitude, avatar du déterminisme :

L'*orientation* des variétés résulte des « éléments » de cohomologie qui définissent des caractéristiques *non locales* de de ces variétés

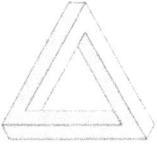

Les éléments de la cohomologie disparaissent localement. Ils correspondent à un champ de spins.

Les éléments de la cohomologie peuvent être incohérents *globalement*, aboutissant à des configurations « normales » localement, mais impossibles globalement, telles que le tri-poutre de Penrose :

De telles cohomologies génèrent des variétés non orientables comme le ruban de Moebius ou la bouteille de Klein (représentés plus haut).

Annexe 6.
Le savoir des savoirs

On peut définir un ensemble comme un ensemble d'éléments : ensemble (le tout) et élément (le singulier) se co-définissent et n'ont aucune autonomie. Une telle définition correspond à une vérité absolue, elle est apodictique mais non probable, non démontrable. Pour permettre la probabilité ou démonstration, il faut adopter une approche synthétique, *constructiviste*, définir un ensemble par sa règle de construction (ou algorithme), et non simplement par une définition autoréférentielle. Le tout et le singulier deviennent alors respectivement l'universel et le particulier (ou classe). La relation entre universel et particulier est l'objet du savoir.

Une telle approche, correspondant à la notion de *calculabilité*, peut être mise en œuvre à l'aide du concept de *machine de Turing,* ordinateur idéal, inusable, de mémoire infinie et exempt de tout bug. Une telle machine T_t met en correspondance, par l'intermédiaire d'une instruction (algorithme, équivalent du schème kantien) codée par $t \in \mathbb{N}$ un élément n de $\mathbb{N}$ avec un autre élément m de $\mathbb{N}$.

Une machine T_t sera dite efficace si cette mise en correspondance est possible, sinon elle sera dite défectueuse : elle tournera indéfiniment sans pouvoir y parvenir. Par exemple, si l'instruction t consiste à trouver pour tout nombre entier n le plus petit entier m qui ne soit pas la somme de n nombres entiers élevés au carré, la machine T_t sera défectueuse car elle tournera indéfiniment pour tout $n > 3$ (en vertu du théorème de Lagrange stipulant que tout nombre entier peut s'exprimer comme la somme de quatre carrés de nombres entiers).

Une machine de Turing universelle U_u est une machine de Turing constituée de toutes les machines de Turing particulières T_t. Une telle machine peut être indexée par un supercodage $u = (t, n)$ qui fait correspondre au nombre n le nombre m tel que $m = T_u(n) = T_t(n)$. Le supercodage u est dénombrable puisque $\aleph_0^2 = \aleph_0$.

Peut-on savoir a priori si une telle machine U_u est défectueuse ou non ? Dit autrement, peut-il exister un algorithme des algorithmes ?

La réponse à cette question cruciale est fournie par l'examen des sous-ensembles E_r dits *récursifs*, dont tous les termes peuvent être générés par une machine de Turing T_r efficace (non défectueuse) : de tels ensembles E_r sont dits définis de manière calculatoire et dénombrables de manière récursive. L'ensemble $\mathcal{E}$ de tous les sous-ensembles récursifs, généré par l'ensemble des machines de Turing efficaces, est récursif par construction, donc dénombrable. Mais sa puissance, en vertu de l'argument de Cantor (la puissance de l'ensemble des sous-ensembles d'un ensemble est strictement supérieure à la puissance de cet ensemble), doit être strictement supérieure à la puissance du dénombrable : l'ensemble $\mathcal{E}$ ne peut donc être dénombrable et a fortiori dénombrable de manière récursive. Il ne peut donc lui-même être récursif. On aboutit donc à une contradiction, dont les conséquences sont redoutables :

- il n'existe pas d'algorithme des algorithmes, capable de dire *a priori* si une machine de Turing est efficace ou non,
- deux sous-ensembles récursifs E_r et E_s ne sont même pas comparables de manière calculatoire,
- il est impossible de définir l'identité et un ordre sur $\mathcal{E}$.

Au plan épistémologique, ces conséquences ne sont pas anodines :

- le critère de calculabilité (par la médiation d'un système logico-mathématique formel) ne permet pas de *construire* un monde unique, stable et ordonné : le « meilleur des mondes » ne peut être fondé mathématiquement,
- les mathématiques sont une science ouverte : elles manipulent des concepts qu'elles ne peuvent entièrement maîtriser,
- un savoir « scientifique » particulier étant un sous-ensemble récursif (défini de manière calculatoire), il ne peut exister de savoir des savoirs en mesure d'encapsuler tous les savoirs dans un ensemble unique, ordonné et complet.
- les différents savoirs ne sont même pas comparables entre eux et ne peuvent être ordonnés les uns par rapport aux autres.

En résumé, les mathématiques ne peuvent se clore sur elles-mêmes et rendre compte de la relation entre l'universel et le particulier, et encore moins de la relation entre le tout et le singulier. Ce qui les en empêche est l'inséparabilité originelle, le néant.

Il n'y a pas et ne peut y avoir de savoir des savoirs : les différents savoirs sont irrémédiablement disjoints et inclassables les uns par rapport aux autres. Contrairement à ce que pensait Kant, il n'y a pas d'architectonique de la raison, science de l'unité systématique et finale de toutes les sciences, système des systèmes.

Une vérité absolue ne peut être démontrable et relève in fine de la *croyance*.

> *« Ich musste das Wissen aufheben, um zum Glauben Platz zu bekommen: je devais borner le savoir pour trouver une place pour la croyance »*
> *(Kant, Critique de la raison pure, Préface à la 2ème édition, XXX, 1787)*

On ne peut s'opposer à la raison en son domaine, mais ce domaine est *limité, sans même qu'on soit en mesure de préciser cette limite.* Pour avoir refusé de l'admettre, la troisième intelligence (l'Adam spirituel) est devenue la dixième et cette rétrogradation est à l'origine du temps dans la théosophie ismaélienne.

La raison est incapable de se guider elle-même et ne trouve de point d'appui qu'en la croyance : il ne peut y avoir de jauge de la jauge. Celle-ci est toujours flottante, en suspension, ce qui a conduit les sceptiques à pratiquer la suspension de l'assentiment (ἐποχή).

> *« Il est impossible de prouver la justesse de la thèse* déterministe *ou* indéterministe. *Il faudrait que la Science fût complète ou impossible pour que la question fût tranchée. »*
> *(Ernst Mach, La connaissance et l'erreur, chapitre XVI, 1905)*

Turing a tranché à sa manière : la Science ne peut être *ni* déterministe, *ni* indéterministe : elle est les deux *à la fois*. Déterminisme et indéterminisme se co-fondent et sont en relation d'indétermination. Les augures romains interprétaient les signes qui apparaissaient dans une partie du ciel *fixée à l'avance*, ce qui permettait de *décider*. L'association du hasard et d'une règle du jeu fixée à l'avance est à la base de la démarche du philosophe chinois qui procède au tirage de pièces ou de tiges d'achillée pour s'adapter au « cours des choses » et de celle du savant français laissant tomber des aiguilles sur un parquet à lattes pour « mesurer » le nombre π. Manière de localiser, mettre en situation, attribuer un bord au couple diallélique mesuré/mesurant.

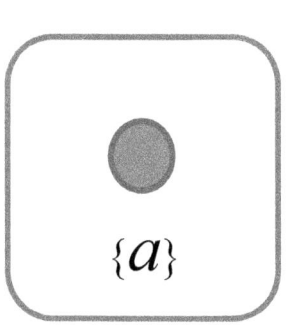

L'universel (le genre) et le particulier (l'espèce) relèvent du *concept* : ils permettent la *classification* et la *séparation*

a

Le tout (l'illimité) et le singulier (le point) relèvent de l'*intuition* : ils sont *inclassables* et *inséparables*

La séparation, qui fait du point un pixel

Représentation de divinité tri-unitaire (cliché de l'auteur)

Annexe 7.
Le « paradoxe » EPR

Le paradoxe EPR (Einstein-Podolsky-Rosen) trouve son origine dans l'interprétation d'une expérience de mesure des spins de deux particules résultant de la désintégration d'une particule de spin nul.

Pour Einstein, les deux particules sont séparées *dès* la désintégration de leur particule-mère et *possèdent* dès cet instant des caractéristiques différentes, bien que non connues, ceci *indépendamment de leur observation*.

Pour Bohr, les particules ne sont pas séparées *tant qu'on ne les a pas observées* (mesurées). La mesure les sépare selon deux configurations possibles équiprobables :

$$(\uparrow\downarrow) \rightarrow (\uparrow,\downarrow) \text{ ou } (\downarrow,\uparrow)$$

Le résultat de la détection de l'une semble donc conditionner le résultat de la détection de l'autre, alors que les détections peuvent avoir lieu en des endroits très éloignés. *Cela supposerait que l'on puisse influencer à distance et instantanément l'état d'une particule par la simple observation de l'autre*. D'où le « paradoxe ».

Une certaine fonction de corrélation est basée sur la valeur moyenne des résultats de détection des deux détecteurs qui peuvent prendre chacun *deux orientations possibles, mais liées*. Cette fonction de corrélation permet de discriminer les deux interprétations : pour des particules séparées, les valeurs moyennes de la fonction de corrélation restent comprises dans l'intervalle $[-2,+2]$, pour des particules non séparées, les valeurs moyennes de la fonction de corrélation débordent cet intervalle.

Des tests expérimentaux, effectués dans les années 1970-1980 ont permis de trancher en faveur de l'interprétation bohrienne, de *non séparation*.

En fait, le paradoxe naît d'une mauvaise compréhension de ce qu'est la mesure : la mesure, étant temporalisante, *fait* le temps. Il ne peut y avoir *deux* mesures différentes au même instant : on ne peut voir de deux façons différentes au même moment. *La totalité est inséparable.*

Il en résulte qu'il est impossible d'effectuer deux mesures *simultanées* en deux endroits *différents* : cela reviendrait à admettre que la durée peut être nulle et nécessiterait une jauge nulle, incompatible avec l'observabilité.

Il faut donc considérer la mesure à deux détecteurs comme une seule mesure, avec *un seul détecteur « double »*. Les deux détecteurs sont donc *inséparables* et leurs résultats sont *nécessairement* liés. Les particules ne sont ni séparées, ni liées, elles ne *possèdent* aucune caractéristique intrinsèque, *c'est l'observation qui, selon qu'elle est à un ou deux degrés de liberté, les ex-iste liées ou séparées*.

Repère et repéré sont corrélatifs, se co-fondent. Une mesure ne peut « affecter » à distance une « particule », car celle-ci est ex-istée par cette mesure et n'existe donc pas « préalablement » à cette mesure.

On voit ce qu'on *veut* voir. Toute vision du monde est pré-jugée, résultat d'une intentionnalité opérante sur laquelle prend appui toute connaissance scientifique : le physicien sélectionne par « filtrage adapté » les signaux qui l'intéressent, qu'il cherche à *séparer* statistiquement du « bruit » dans lequel ces signaux se confondent. On connaît ce qu'on croit et non l'inverse.

Un électron pouvant passer par *deux* trous (l'un *et* l'autre : les deux trous ne sont pas séparés, c'est-à-dire différenciés par la mesure) ou par *un seul* des deux trous (l'un *ou* l'autre : les deux trous sont différenciés par la mesure) n'est pas « la même chose » : ses degrés de liberté ne sont pas les mêmes. Dans le premier cas, l'appareillage de mesure mettra en évidence des interférences qui « disparaîtront » dans le deuxième cas. Il n'y a là aucun mystère, sinon celui du *bord arbitraire* constitué par l'appareillage de mesure (deux trous différenciés ou indifférenciés) qui fait office de *repérant* sur lequel s'appuie la vision à l'origine de « la chose » *repérée* qui lui est corrélative. « La chose » n'a aucune autonomie et résulte de la vision qui l'engendre. Le passage d'un électron par un trou est une vue de l'esprit de *chosification*.

« Ne cherche donc pas à comprendre pour croire, mais crois afin de comprendre, parce que si vous ne croyez pas, vous ne comprendrez pas »
(Saint Augustin, Tractatus 29-6, environ 420)

De l'inséparable au séparable et au dénombrable

Annexe 8.
Les hyperfonctions

L'ensemble des fonctions complexes analytiques est dénombrable : il constitue les fonctions de classe C^ω. Le dual, ou espace cotangent de l'espace de ces fonctions (les fonctions de fonctions) constitue les fonctions de classe $C^{-\omega}$ ou *hyperfonctions*. Cet espace cotangent ne nécessite aucune structure particulière, sinon d'être lui-même *analytique*.

Les hyperfonctions ou faisceaux de fonctions holomorphes constituent des classes d'équivalence appelées *classes de cohomologie locale* de ces faisceaux, outil purement algébrique de l'analyse fonctionnelle, permettant une «micro localisation» de la transformée de Fourier (voir **annexe 9)**. Des « phénomènes réels survenant aux confins » deviennent singularités dans le plan complexe.

Plus précisément, le plongement ou complexification d'un ouvert Ω de $\mathbb{R}^n$ dans un ouvert de $\mathbb{C}^n$ permet de définir les classes d'équivalence de la $n^{\text{ième}}$ cohomologie dans le faisceau des fonctions holomorphes définies sur l'ouvert Ω.

Pour $n = 0$, on obtient simplement l'ensemble des fonctions complexes analytiques définies au voisinage d'un point.

Pour $n = 1$, (première cohomologie) une classe de la $1^{\text{ère}}$ cohomologie ou hyperfonction notée $[\varphi]$ est définie à partir d'une fonction holomorphe φ, elle-même définie de part et d'autre d'un segment ouvert Ω de $\mathbb{R}$ plongé dans $\mathbb{C}$, par la relation :

$$[\varphi(z)] = [\varepsilon\varphi] + [\overline{\varepsilon}\varphi] = \varphi(x+i0) - \varphi(x-i0)$$

Les $[\varphi(z)]_{z=x}$ pour $x \in \Omega$ représentent les « valeurs au bord » de l'hyperfonction $[\varphi]$.

Si ψ est holomorphe sur un domaine *incluant* le segment Ω, on a $[\psi] = 0$ et donc $[\varphi+\psi] = [\varphi]+[\psi] = [\varphi]$: une hyperfonction est définie modulo toute fonction holomorphe sur un ouvert de $\mathbb{C}$ enfermant Ω : $[\varphi]$ constitue une classe de $1^{\text{ère}}$ cohomologie définie à partir de φ et du bord Ω.

Il est possible de sommer, dériver et multiplier par une fonction analytique une hyperfonction, mais *on ne peut pas* faire le produit de deux hyperfonctions, celui-ci n'étant pas analytique et n'ayant pas la puissance du dénombrable $\aleph_0$.

L'hyperfonction de Dirac, notée δ, infiniment dérivable, est définie à partir de la fonction holomorphe $\dfrac{-1}{2\pi i z}$ et un intervalle ouvert de $\mathbb{R}$ contenant 0 :

$$\delta = \left[\frac{-1}{2\pi i z}\right] = \frac{1}{2\pi i}\left(\frac{1}{x+i0} - \frac{1}{x-i0}\right)$$

L'hyperfonction de Heaviside, notée Υ, primitive de l'hyperfonction de Dirac, est définie de même par :

$$[\Upsilon]_{z=x} = \left[\frac{-1}{2\pi i}\ln(-z)\right]_{z=x}$$

où $\ln$ désigne la détermination principale du logarithme népérien.

Sur la sphère de Riemann, la plus simple des variétés riemanniennes (elle est de genre 0), les hyperfonctions sont définies modulo des constantes.

Les hyperfonctions, généralisation des distributions à l'espace des fonctions, sont aux fonctions continues ce que sont les nombres algébriques aux réels : elles ont la puissance du dénombrable et permettent de « discrétiser » une fonction continue quelconque d'aussi « près » qu'on le souhaite, *sans toutefois jamais pouvoir l'atteindre*. Elles forment un ensemble dense dont l'adhérence est l'espace des fonctions continues. Elles constituent l'outil de base du scientifique, qui lui permet de mettre le tout en lambeaux analytiques et de « recoudre » ces lambeaux analytiquement. Elles sous-tendent, notamment, la démarche de la biophysique cellulaire qui vise à comprendre le comportement de la cellule vivante par construction de systèmes « biomimétiques » à partir de composants analytiques identifiés.

Mais ces lambeaux recousus, voilages accrochés aux singularités constitutives des bords, ne peuvent jamais reconstituer la totalité ainsi détotalisée et retotalisée.

L'hyperfonction correspond à la formalisation de tout processus d'inférence ou d'apprentissage par lequel on *forme* , à partir de bords arbitraires, constitués « rationnellement » par une connexion *analytique ordonnée* de singularités (indivisibles germes originels), une *idée* ou une *conclusion* concernant le caché, l'invisible, le futur ou le passé : spéculation épi-logique de la canonique épicurienne ou rétrospective du devin-historiologue chinois. A l'origine de la notion de cause, et du principe leibnizien de raison suffisante, la connexion est injustifiable.

« Les objets n'ont entre eux aucune connexion qui puisse être découverte, et il n'existe pas d'autre principe que la coutume opérant sur l'imagination d'où nous puis-

sions tirer par inférence, à partir de l'apparition de l'un, l'existence de l'autre. »
(David Hume, Traité de la nature humaine, Livre I, partie III, section VIII, 1739)

La connexion est une « mise en perspective », les singularités pouvant être, par exemple, des « faits » (qui deviennent alors évènements ou motifs), des « postulats », ou encore des « gênes », que la connexion constitue en « histoire », « hypothèse » ou « profil génétique ».

L'ensemble de ces processus est constitutif du « fonctionnement des organisations ». A l'origine des notions de culture (παιδεία), de pro- ou rétrospective ou encore d'hérédité, il est *pluriel* et *multiple :* il ne peut y avoir de processus générant *tous* les processus, d'algorithme des algorithmes, d'*ars inveniendi* baconien, de méthode permettant l'invention. Les caractères acquis ne se transmettent pas, le vivant est hors d'atteinte du processus, de la chimie.

« ... est-il ou non possible, touchant les choses que l'on sait et celles que l'on ne sait pas, de savoir qu'on les sait et de savoir qu'on ne les sait pas ? »
(Platon, Charmide, 167-b, vers 400 avant JC)

A cette lancinante question de Socrate, Gödel et Turing ont montré que la réponse est négative (voir **annexe 6**), rendant du même coup illusoires tout savoir de savoir, toute sagesse et toute connaissance de soi-même. Vouloir libérer l'homme par une connaissance réflexive adéquate et totalisatrice, une « philosophie de la philosophie » comme l'ambitionne la doctrine spinoziste, est voué à l'échec.

« et pourtant je ne puis saisir tout ce que je suis. L'esprit serait-il donc trop étroit pour se posséder lui-même ? Mais où donc peut se trouver ce qui de son être lui échappe ? En dehors de lui, et non en lui ? Mais comment

ne le saisit-il pas ? Voilà bien un sujet de grand étonnement pour moi ; la stupeur s'empare de moi. »
(Saint Augustin, Les Confessions, Livre X, VIII, 15, vers 400)

L'ensemble des processus ainsi constitué est l'ensemble Ω de Cantor, le plus petit des ordinaux non dénombrables, « contenant ouvert » de tous les nombres ordinaux transfinis dénombrables ε_i, irrémédiablement disjoints, comme le sont les séquences codantes de l'ADN, unités d'information génétique du code génétique standard, séparées par d'immenses séquences « non codantes », avatar « génétique » du vide, corrélatif régulateur du plein des séquences codantes, repérant d'un repéré dont il permet l'*expression* par le truchement de la combinatoire de l' « épissage alternatif ».

$$\mathbb{N} = \omega, \quad \omega^{\omega^{\omega^{\cdots}}} = \varepsilon_0, \quad \varepsilon_1 = \varepsilon_0^{\varepsilon_0^{\varepsilon_0^{\cdots}}}, \quad \ldots \varepsilon_{n+1} = \varepsilon_n^{\varepsilon_n^{\varepsilon_n^{\cdots}}}$$

$$\ldots \varepsilon_\omega \ldots \varepsilon_{\omega^2} \ldots \varepsilon_{\omega^\omega} \ldots \varepsilon_{\omega^{\omega^{\omega^{\cdots}}}} = \varepsilon_{\varepsilon_0} \ldots$$

$$\varepsilon_i = \omega^{\varepsilon_i}, \quad \Omega = \varepsilon^{\varepsilon^{\varepsilon^{\cdots}}}, \quad \Omega = \omega^\Omega$$

Si l'on se place au niveau des algorithmes d'algorithmes, on définit de la même façon l'ensemble ouvert « grand oméga » des nombres oméga de Chaitin

$$\Omega_0 = \Omega^{\Omega^{\Omega^{\cdots}}}, \quad \Omega_{n+1} = \Omega_n^{\Omega_n^{\Omega_n^{\cdots}}}$$

$$\Omega_n = \Omega^{\Omega_n}, \quad \Omega = \Omega^{\Omega^{\Omega^{\cdots}}}, \quad \Omega = \Omega^\Omega$$

L'ensemble Ω (grand oméga), contenant ouvert des nombres ordinaux transcendants Ω_n, est un outil de rationalisation de l'irrationnel, l'irrationnel étant défini par référence au rationnel et vice-versa. Il permet, notamment, de calculer la probabilité d'arrêt d'un programme, à condition que celui-ci soit auto délimité c'est-à-dire fermé sur lui-même (comme l'est, par exemple, le processus de traduction des gènes en protéines), ou de générer des nombres aléatoires de taille limitée. Il est donc susceptible de fournir un critère de vérité, *à condition toutefois d'opérer sur un système fermé* (doté d'une constante de structure fine, autrement dit un cosmos, complexe de connexions soritiques, pendant des chaînes de Markov discrètes et ergodiques des probabilistes). Cette fermeture fait l'objet des techniques de « renormalisation » des physiciens (voir **annexe 10**). Le hasard, *ainsi réduit et normalisé*, est alors considéré, pour reprendre l'expression de Mach, comme *« des régularités masquées* par des complications » et devient lui-même probabiliste, analysable.

Un nombre réel « normal » est un nombre dont le développement en n'importe quelle base b est « régulier », c'est-à-dire que toutes les suites finies de chiffres dans ce développement sont équiprobables ; la probabilité d'occurrence de chaque « décimale » dans ce développement tend alors vers $\frac{1}{b}$ lorsque le nombre de « décimales » tend vers l'infini. Un nombre pris au hasard sur la droite des réels, a 100 % de chances d'être « normal ». Mais il n'y a pas d'algorithme permettant de construire un nombre normal. Aucun nombre rationnel, entre autre, n'est normal. Un nombre normal est partout et nulle part *à la fois* : la norme, à l'instar du verbe, est flottante et non explicitable. Le normal ne peut être construit et, vice versa, le construit ne peut être normal : le normal (l'aléatoire, le point) est hors de portée de la machine, qui ne peut être dotée de *libre-arbitre*. Si l'anomalie est constructible, l'analogie ne l'est pas.

Le localisé, point spatio-temporel, est une singularité inobservable, seul le pixel est accessible à la science ; dans le cas de l'instantanéité pure, le pixel recouvre tout l'univers. Local et global sont en relation d'indétermination et se co-fondent, l'augmentation de la précision des mesures locales va de pair avec une dispersion de la valeur de la « constante » de Hubble représentant le taux de l'expansion cosmique dans les modèles astrophysiques de la cosmologie moderne.

Un raisonnement de nature probabiliste n'est valable que sur des espaces *fermés* et devient sophistique dès lors qu'on veut l'appliquer à un espace *ouvert,* tel, par exemple, celui qui sous-tend le fameux « pari de Pascal ».

Les ensembles ouverts Ω de Cantor et Ω (grand oméga) de Chaitin sont corrélatifs de « pseudo » néants disloqués, « corrompus », accessibles à la science. Mais il ne peut y avoir de démarche scientifique permettant de passer de ces ensembles au néant $\emptyset$ qui, lui, vérifie la relation

$$\emptyset = e^{\emptyset}$$

Tout comme le nombre π (correspondant au compas fermé du fini non mesurable), qui est son « conjugué analytique » réel par l'intermédiaire de l'imaginaire ($i^i = e^{-\pi/2}$), le nombre e (correspondant au compas ouvert ou règle de l'infini mesurable) est un nombre réel transcendant calculable (les nombres calculables sont dénombrables), permettant d'aboutir à des certitudes *absolues,* mais à la nuit des temps. On ne sait pas dire si les nombres e et π sont normaux ou anormaux : ils se co-définissent au sein de l'imaginaire et n'ont aucune autonomie, tout comme le couple normal/anormal ; ils percolent toute la physique, naissent du jeu de l'ouvert et du fermé, de la nécessité et du hasard qui se co-fondent. La constante de Planck, par exemple, apparaît sous la forme $\hbar = h/{2\pi}$ dans les équations de la physique quantique : qui sème le fini récolte l'aléatoire (voir **annexe 14**).

Les Ω de Chaitin sont eux des nombres réels transcendants *non* calculables (ils sont aléatoires car ils ne peuvent être exhibés algorithmiquement), non dénombrables, mais permettant d'atteindre en des temps finis des pseudo ou quasi certitudes relatives à des systèmes récursifs auto délimités, autrement dit décidables , correspondant à ce que l'on « sait », dont l'ensemble est de mesure nulle sur l'ensemble des systèmes. Ces systèmes décidables, dont la science se nourrit, sont exceptionnels : la « nature » est un miracle auquel il faut *croire* pour connaître.

« D'ailleurs toutes les démonstrations mêmes qu'on peut trouver, tu verras qu'elles sont contestables et n'ont rien de solide. La plupart d'entre elles, en effet, se fondent sur des points contestables pour nous forcer à croire qu'elles savent la vérité ; et les autres liant à des propositions parfaitement évidentes des choses absolument obscures et sans rapport avec elles, prétendent néanmoins que ce sont là des démonstrations. »
(Lucien de Samosate, Hermotimos ou les sectes, 70, vers 160)

La démarche scientifique repose sur la croyance, croyance qui devient foi, croyance des croyances, ultime unification, lorsque le miracle est à jauge nulle : la πίστις (foi) sous-tend l'ἐπιστήμη (science).

Mythologie, théologie, philosophie, science s'abreuvent à la même source du désir de croire, la libido credendi.

La décidabilité procède d'un acte de conviction et un système purement formel ne peut ni la démontrer ni la réfuter. Elle est auto contradictoire : croire, c'est déjà ne pas croire. Inapplicable au Tout, c'est un avatar de la séparabilité et de l'axiome de choix. Injustifiable, elle permet d'acheter le déterminisme, qu'il soit de nature théologique, philosophique ou scientifique, au prix de l'équivoque, de la contradiction, du paradoxe et du scandale.

L'*hérésie* (αἵρεσις : action de prendre, choix) et le *péché* (ἁμαρτία : erreur) des théologiens, le *déviationnisme* laïque, l'*engagement* et la *liberté* des philosophes sont des rejetons de l'axiome de choix, corrélatif de la *séparation*, acte inexplicable et inanalysable, mais qui permet l'analyse.

Mais la lame du rasoir, aussi affûtée soit-elle, nécessite d'avoir une épaisseur non nulle pour être opératoire, pour rationaliser l'irrationnel.

Aucun code génétique, par exemple, ne peut rendre compte du vivant, ni même espérer s'en approcher, sauf à choisir d'arbitraires et mutilantes connexions, comme le sont, par exemple, celles des modèles morphogénétiques issus groupe fini $\mathbb{F}_4$, du nombre d'or et des suites fibonacciennes.

De la raison, il ne peut sortir que de la raison. Et pourtant, il est très facile d'en sortir : c'est ce que fit Dedekind, tranchant le nœud gordien par une coupure sans épaisseur, *créant* ainsi les nombres que, d'une manière trompeuse parce qu'ils sont hors d'atteinte, on a appelés « réels », avatars des « nombres nombrants » pythagoriciens. Entre deux points dont les coordonnées ne diffèrent qu'à partir de la cent milliardième décimale, il est encore possible de loger des milliards de milliards de mondes différents : question de constante de structure fine (dont la valeur n'est « que » de 137 dans le modèle standard de la physique moderne : voir **Annexe 4**).

Utiliser les nombres réels en physique, c'est vouloir mesurer à jauge nulle : *c'est vouloir ex-ister le néant*, volonté à la source de nombreux « paradoxes » en mécanique quantique.

 « Il n'y a rien de si conforme à la raison que ce désaveu de la raison »
 (Pascal, fragment 171 des Pensées, posthume 1670)

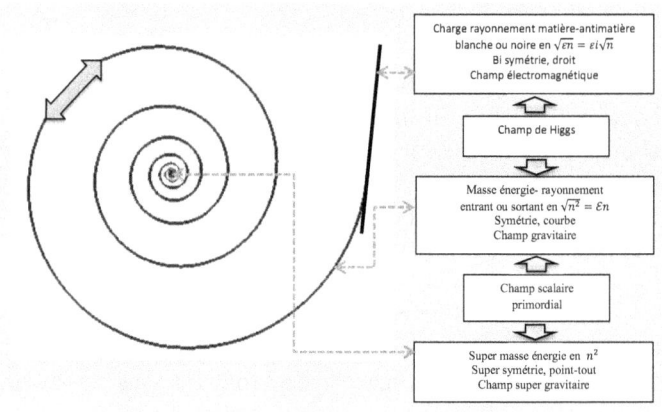

Les trois niveaux primordiaux : en-soi, pour-soi et pour-autrui, jeu de l'identité et de l'altérité, de la translation et de la rotation.

« et l'âme, du milieu jusqu'aux extrémités du Ciel, en tous sens étendit ses rets, en cercle du dehors l'enveloppa ; elle se mit à tourner sur elle-même, et cela fut le divin commencement de sa vie perpétuelle et raisonnable, pour toute la durée des temps. »

(Platon, Timée, 36e, vers 360 avant JC)

Annexe 9.
Les trois ek-stases de la temporalité

Les cohomologies permettent de fabriquer des hyperfonctions $[\varphi]$ à partir de valeurs au bord prises par une fonction holomorphe φ sur un ouvert Ω de $\mathbb{R}^n$ par complexification ou plongement de cet ouvert dans un ouvert de $\mathbb{C}^n$. Ces valeurs au bord analytiques $[\varphi(z)]_{z=x}$ pour $x \in \Omega$ résultent de l'acte de mesure, acte préréflexif et réducteur issu d'une certaine vision du monde.

Une hyperfonction peut être considérée comme la somme de deux hyperfonctions, l'une à fréquences positives et l'autre à fréquence négatives définies respectivement sur les domaines *disjoints* de l'avenir et du passé séparés par un bord analytique représentant le présent. Elle est définie modulo toute fonction holomorphe définie sur le domaine global passé, présent et avenir.

Les différentes hyperfonctions ou classes d'équivalence de cohomologies représentent le faisceau des futurs et des passés autorisés par les valeurs de bord analytiques issues d'une mesure préréflexive temporalisante, constitutive d'un présent *vivant* inaccessible à la science. Passé et futur découlent du présent, « viennent » des valeurs au bord par reploiement ou déploiement d'un temps *mort* scientifique dépendant de la variété Ω corrélative de la mesure et constitutive du temps *vivant*.

Les cohomologies sont les outils du déterminisme universel. Elles fixent le passé et l'avenir en fonction d'un présent temporalisé et réduit par la mesure à des valeurs définies sur un bord ouvert et analytique.

Passé, présent et avenir ne se succèdent pas, ils sont corrélatifs et constituent les moments d'une totalité qui les dépasse et leur confère leur signification, comme l'hyperfonction dépasse la fonction et domine ses structures.

Les hyperfonctions, les cohomologies, ne peuvent se concevoir sans le plongement d'ouverts dans d'autres ouverts : ils sont conditionnés par le dépassement, la sortie de soi ou présence à soi, encore appelée *ek-stase*.

Passé, présent et avenir sont ek-stases au sein de la temporalité. Seul le présent est temps vivant, inaccessible à la science. Passé et futur en découlent : ils représentent le temps mort déterministe de la physique, il ne peut rien s'y passer. La science n'a pas accès au bord, à l'extrême, c'est-à-dire au présent. Mais elle *détermine* le passé et le futur à partir de ce présent arbitrairement réduit et connecté en un bord analytique, correspondant aux « lokas » ou situations (locus : localisation) des religions indiennes : passé et futur sont *constitués* à partir d'un présent *analysé*.

« *Quand on voit ce qui est maintenant, on a tout vu, et ce qui s'est passé depuis l'éternité, et ce qui se passera jusqu'à l'infini ; car tout est pareil en gros et en détail.* »
(Marc-Aurèle, Pensées pour moi-même, VI (37), vers 170)

Les formes verbales de la protolangue indoeuropéenne n'expriment pas le *temps* (passé, présent, futur), mais seulement l'*aspect* (en cours d'accomplissement ou accompli) d'une action, traduisant le jeu du continu et du discontinu.

« *Il faut donc toute une comptabilité avec des variables supplémentaires pour garder la trace du comportement*

passé des particules. Ces variables sont précisément celles qu'on appelle d'habitude les amplitudes du champ, et il faudra indiquer aussi quel est le champ présent si vous voulez savoir ce qui se passera plus tard. Mais du point de vue global que donne le principe de moindre action sur tout l'espace-temps, le champ disparaît, ou n'est plus que l'ensemble des variables nécessaires à la comptabilité imposée par la méthode hamiltonnienne. »
(Richard Feynman, Conférence Nobel, 1965)

En soulevant le couvercle du présent, on peut voir grouiller les particules (fréquences et amplitudes qui se co-fondent) à volonté, ressusciter des passés *ou* susciter des futurs : c'est ce que nous enseigne le mythe de Pandore.

Pour *à la fois* ressusciter un passé et susciter un futur corrélatifs, il est nécessaire de transgresser l'inviolabilité du temps 0, de *raccorder* ce qui est de part et d'autre du présent, de traverser le présent, autrement dit *figer* les valeurs au bord.

Lorsqu'on fige les valeurs au bord, *on crée la « chose » qui possède des propriétés*, dont la modalité d'être est le paraître émancipé de la vision qui l'a créé ; le paraître se substitue à l'être : on *crée* la prédestination et le destin.

Dans une telle fixation-fiction, la chose a à être ce qu'elle a été et ce qu'elle deviendra. Elle suit une « ligne d'univers » des physiciens. Elle échappe à son créateur. Il n'y a plus que du temps mort, c'est le triomphe du déterminisme.

Le créateur va même jusqu'à s'échapper à soi-même en se faisant chose, robot : là est la signification profonde du mythe de Narcisse. Il a alors à être ce qu'il a été et à devenir ce qu'il *croit* (de « bonne *ou* mauvaise foi ») être, « se réaliser », fidèle à son *image* : le « soi-même », par l'entremise de la *volonté*, se transforme en « moi-même », inauthenticité, abnégation de soi (Selbstlosigkeit) nietzschéenne.

« Que l'on devienne ce que l'on est suppose que l'on ne pressente pas le moins du monde ce que *l'on est »*
(Friedrich Nietzsche, dans Ecce homo, 1888)

Héraclite, aux VI-Vème siècles avant JC, a fait usage, à sa manière, de l'hyperfonction pour présenter sa vision du monde : un compartiment feu-air, représentant l'expansion-raréfaction (hyperfonction à fréquences positives) et un compartiment eau-mer représentant la contraction-condensation (hyperfonction à fréquences négatives) encadrent un bord germinal constitué de terre au contact de l'eau et de « praester » au contact de l'air (πρηστήρ : ce qui est susceptible de brûler, d'enfler). L'hyperfonction est *« le lot-destinée (μοῖρα) qui provient de l'enveloppe céleste (et) trouve en nos corps un domicile hospitalier ».*

Il en va de même pour les grammairiens indiens, algébristes et physiciens avant la lettre, qui ont théorisé la relation du nom (*nāman*) et de la forme *(rūpa)*, distinguant dans le phonème la voyelle-germe, vibration ou fréquence, condensée ou modulée par le bord germinal des consonnes qu'elle révèle et qui la révèlent, à l'instar de la fonction holomorphe et du bord analytique qui se co-définissent et se révèlent mutuellement au sein d'une hyperfonction qui les dépasse. Voyelles bosoniques et consonnes fermioniques constituent les « particules » du langage qui se phénoménalisent (se matérialisent) en phonèmes : modulation de la fréquence par l'amplitude, ou modulation de l'amplitude par la fréquence, à la base du langage articulé.

Fréquence et amplitude « se co-jaugent » (sont conjuguées) par l'intermédiaire de la transformée de Fourier et sont en relation d'indétermination. L'hyperfonction, qui est déploiement et reploiement de jauge, permet une microlocalisation de la transformée de Fourier.

Passé, présent et futur forment un tout inséparable. Vouloir les ex-ister par la pensée (les séparer par l'analyse) mène invariablement à l'incompréhension, au paradoxe, à l'aporie, au trou noir. Aux indiscrets qui les interrogeaient, les dieux répondaient : *« cela, il ne t'est pas permis de le savoir »*. La traversée du présent, que le yogi tibétain appellerait « traversée de l'Entre-deux (Bardo) », est hors de portée de la pensée discursive et il lui faut vaincre celle-ci pour espérer y parvenir, autrement dit pouvoir *se* situer, *se* voir, *se* connaître : cela requiert une ek-stase inaccessible à l'analyse et à tout savoir, une connexion au néant.

« Ô fils noble, toutes ces radiations sont celles de tes facultés intellectuelles venues pour briller sur toi. Elles ne viennent pas de l'extérieur. Ne sois pas attiré vers elles, ne sois pas faible, ne soit pas effrayé, mais établis-toi dans le mode de la « non-formation de pensée ». Dans cet état, toutes les formes, toutes les radiations se fondront en toi et l'état de Bouddha *sera obtenu. »*

(Le Livre des morts tibétain, traduit par Lama Dawa Samdup et édité par le Dr W.Y. Evans-Wentz, VIIIème siècle ?)

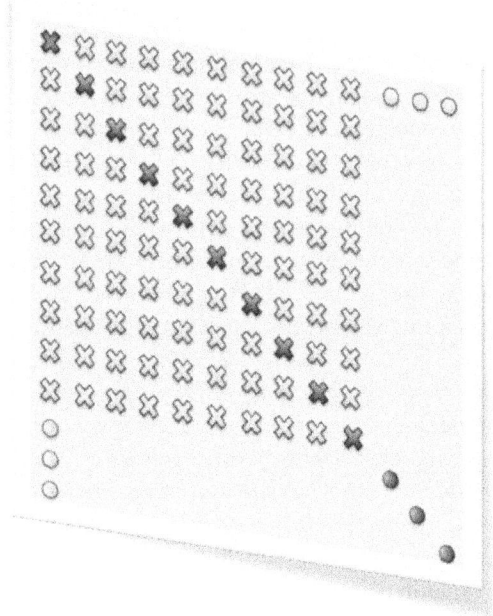

Diagonale de Cantor, diagonale de l'irrationnel

Si tous les nombres étaient rationnels, on pourrait « lister » ceux d'un quelconque intervalle unitaire au sein d'une liste dont chaque ligne correspond à un nombre rationnel écrit sous sa forme décimale; le nombre constitué à partir des chiffres de la diagonale augmentés, par exemple, d'une unité (le 9 devenant 0) ne figure pas dans la liste et ne peut donc être rationnel. Un raisonnement du même type (sophistique, car il présuppose la calculabilité) « démontre » que les nombres réels ne sont pas dénombrables. Mais s'il est toujours possible d'introduire un nombre rationnel entre deux nombres rationnels, un nombre réel entre deux nombres réels, comment peut-on lister les nombres rationnels, les nombres réels ? A l'instar d'un univers observable, les corps des nombres rationnels et réels nécessitent d'être en constante contraction- expansion (création-destruction continuée) afin de pouvoir être soumis à l'analyse-synthèse, ce qui rend toute chose en soi insaisissable : rationnel et irrationnel, dénombrable et non dénombrable n'ont aucune autonomie et se co-fondent.

Annexe 10.
Onde pilote

L'onde pilote est définie par la fonction d'onde quantique *complexe* $\Psi(\rho, S) = \rho(x,t) e^{i\frac{S(x,t)}{\hbar}}$ de deux variables *réelles* quantiques « en principe observables », la densité de probabilité quantique $\rho(x,t)$ (l'amplitude-intensité) et l'action quantique $S(x,t)$ (la fréquence-résolution).

Son espace de définition constitue une variété symplectique complexe tissée de torsades spatio-temporelles, non séparable, sur laquelle les deux variables réelles quantiques ρ et S se modulent mutuellement. Une telle variété possède une structure *holistique,* délocalisée, « flottante », *indéterminée* aurait dit Kant. Elle correspond à des « particules ponctuelles à spin » dématérialisées, dénuées de masse. Aucune courbure locale ne peut y être différenciée.

La brisure d'affinité massique, ou *mise en situation*, s'opère par blow- up ou décompression du point, en donnant une longueur et une direction à i par l'adoption d'algèbres cliffordiennes, *créant* ainsi la masse spinorielle et le courant de spin : masse et spin se définissent mutuellement par cette mise en situation et n'ont aucune autonomie : en chosifiant, on peut dire que le boson de Higgs, de spin nul et de masse indéterminée, apporte la masse localisée (la position), tandis que le photon, de masse nulle et de spin indéterminé apporte le spin localisant (la direction). Pas de masse (localité) sans spin (globalité) et vice- versa : ils sont *inséparables, irréductiblement complexifiés.* Vouloir les ex-pliquer (les décomplexer) c'est renoncer à les com-prendre et les comprendre, c'est renoncer à les expliquer.

Masse et spin ont pour avatars respectifs les « changements d'état » et les « changements de position » que Poincaré *distingue* pour tenter d'expliquer la genèse de l'idée d'espace. Masse et spin se co-fondent à l'instar des nombres cardinaux et ordinaux dans l'ensemble des nombres entiers naturels ($\mathbb{N} = \omega$), de l'argument et de la fonction dans la logique des prédicats, ou encore de la dénotation (Bedeutung) et du sens (Sinn) de la sémantique formelle, de l'objet du choix et du choix en tant que tel, marquant ainsi l'incapacité, démontrée par Gödel, de tout formalisme à se justifier par lui-même.

Les deux équations de Madelung (ou équations d'Euler quantiques) expriment la condition d'holomorphicité de cette fonction d'onde complexe :

$$\frac{\partial \rho}{\partial t} + \nabla(\rho \frac{\nabla S}{m}) = 0 \quad \text{ou équation de continuité}$$

$$\frac{\partial S}{\partial t} + \frac{(\nabla S)^2}{2m} + V(\text{potentiel}) - \frac{\hbar^2}{2m}\frac{\nabla^2(\sqrt{\rho})}{\sqrt{\rho}} = 0 \quad \text{ou équa-}$$

tion d'Hamilton-Jacobi mettant en évidence un « potentiel quantique » non local, holistique : $\frac{\hbar^2}{2m}\frac{\nabla^2(\sqrt{\rho})}{\sqrt{\rho}}$.

La présence de racines carrées dans cette dernière équation différentielle nécessite, pour la linéariser, la mise en œuvre de techniques de calcul semi différentiel, procédés « soritiques » de fermeture auto-délimitée (voir **annexe 8**), du type « minplus » par exemple.

Les équations de Madelung garantissent, au niveau spatio-temporel, deux conditions permettant l'observabilité (de « voir évoluer des choses » dans l'espace-temps), qui se définissent mutuellement :

- la lissitude locale (la courbure, requérant une masse non nulle de la particule), à la source de la densité de probabilité ou description spatio-temporelle (position)
- l'ergodicité globale (la torsion, requérant un spin non nul de la particule), indispensable à l'ipséité du soliton (vecteur propre de l'opérateur correspondant à la mesure) non dispersif et à la définition de « chemins », à la source de la causalité ou « propagation » de la densité de probabilité (vitesse).

Cela assure le déterminisme local, mais sur des *ouverts* (la densité de probabilité ne peut être définie que sur des ouverts correspondant aux « supports » de la densité) qu'il est nécessaire, pour permettre l'observabilité, de *fermer* par des bords - singularités.

Cette fermeture, correspondant au calage de la structure flottante, s'opère par constitution des bords-singularités en bords *analytiques*, « conditions aux limites » exprimées par des équations analytiques. C'est dans la constitution de ces bords analytiques que réside le libre-arbitre (la position et les degrés de liberté) de la mesure dont sera issue la « chose ». Les positions et degrés de liberté correspondent à l'appareillage mis en œuvre dans la mesure : fentes, trous, collimateurs, entrefers, lames séparatrices, polariseurs, écrans, boîtes par exemple.

L'interaction de l'onde complexe avec son bord singulier ainsi *analysé*, autrement dit décomposé et figé « localement » dans sa forme, consiste en une modulation de l'amplitude par la fréquence définissant le continu par le discontinu (et vice-versa) *dans le cadre restrictif d'espaces hilbertiens séparables.*

Le « point zéro » indispensable au « calage » d'une structure flottante est donc constitué par un positionnement et des degrés de liberté *arbitraires* liés aux conditions de bord, conditions « initiales », en bref la « préparation de la fonction d'onde ». En d'autres termes, cela consiste à « contraindre le problème » pour voir ce que l'on veut voir.

On co-définit ainsi l'onde pilote et la particule qu'elle pilote par l'intermédiaire de ces arbitraires conditions de bord (positions et degrés de liberté).

Le mesurant définit le mesuré et vice-versa : ils se co-définissent, ils sont contextualisés. Le « déterminisme » qui en résulte est donc relatif aux conditions de bord qui permettent de l'instaurer : il trouve sa source dans la fixation, nécessairement arbitraire, des conditions initiales que l'on érige alors en référentiel « privilégié », que l'on ne peut ni voir, ni mesurer, mais qui permet la mesure.

L'interaction de l'onde avec son bord singulier résulte de la « préparation du système », ou définition des conditions expérimentales qui rendra les particules « discernables » ou « indiscernables ». Elle est à l'origine de la « double solution » broglienne qui permet de vérifier la cohérence de deux approches corrélatives : approche par le spin-repérant (la fonction d'onde statistique Ψ de l'indiscernable, du normatif, hamiltonien défini sur le fibré cotangent à l'espace de configuration, correspondant aux lignes de flux d'énergie des particules dénuées de masse) et approche par la masse-repérée (la fonction d'onde soliton u du discernable, du normé, lagrangien défini sur le fibré tangent à l'espace de configuration, correspondant aux rayons lumineux ou trajectoires des particules massives). Assemblage tenon-mortaise défini par un bord analytique modélisant ce qu'on *veut* voir, « σύμβολον » dont le *jeu* est la traduction du principe d'indétermination.

Cette modélisation s'opère par le truchement des *positions et vitesses initiales* qu'il faut *fixer simultanément* pour *déterminer* le mouvement ; mais positions et vitesses se cofondent, sont en relation d'indétermination, et c'est précisément leur confusion, toujours imparfaite à jauge non nulle, qui *crée* le mouvement.

Ces deux approches *inséparables* n'ont aucune autonomie. Si la trajectoire est parfaitement connue, la position de la particule « ponctuelle » sur cette trajectoire n'est pas connaissable, si la position de la particule « ponctuelle »est parfaitement connue, sa trajectoire n'est pas connaissable. Zénon d'Elée, par son paradoxe de la flèche volante, a illustré l'inconsistance d'une telle simultanéité. On patauge depuis dans le même marais, oscillant indéfiniment entre compréhension et explication.

Cela se traduit par les relations d'incertitude-indétermination ou inadéquation entre variables conjuguées, corollaires du symplectisme ou complexité originels, qui traduisent l'inséparabilité du Tout qui ne peut être partitionné, *analysé*, et fait du déterminisme un acte de *croyance,* relevant du singulier, de l'improbable, de l'invérifiable.

Le concept d'onde pilote d'une particule quantique est circulaire, autoréférentiel : la particule locale fait son onde pilote globale, l'onde pilote fait sa particule. Onde pilote et particule quantique n'ont aucune autonomie, elles sont conjuguées, complémentaires, l'une fonde l'autre, elles se co-fondent dans l'irréductible interdépendance du local et du global, du mesurant et du mesuré, du signifié et du signifiant, du contenu et du contenant. Le mesurant et le mesuré sont séparés par un bord (une « peau » comme l'appelle Turing) où se loge le libre arbitre de l'homme, la mise en situation.

Plus généralement, il en va de même pour l'espace-temps et la « chose » : on ne trouve pas la chose dans l'espace-temps, mais l'espace-temps est fabriqué pour nous permettre de « voir » les choses, les « observables ». La variable « position » est insaisissable en tant que telle et indépendamment de la chose : c'est une « variable cachée » à la Einstein, déjà intuitée par Newton avec sa « longueur d'accès », ancêtre de la longueur d'onde et avatar de la finesse de résolution (rapport des « vitesses » de l'onde et de sa particule). Considérer l'espace-temps comme un pré-requis, expression d'un impérieux besoin de *(se) situer*, conduit aux paradoxes de la non-localité et aux débats byzantins sur les expériences EPR (**annexe 7**) dans lesquels les physiciens sont enlisés depuis près d'un siècle. Il ne peut y avoir *deux mesures simultanées* car la mesure *fait* le temps.

La conjugaison de l'onde pilote et de sa particule par la fixation (arbitraire) des conditions de bord (résultant de la préparation du système) permet la *phénoménalisation*, mais le phénomène ne « cache » aucune réalité : c'est un voile de censure chosifiante qui recouvre le *néant*, seule « réalité », mais intangible et indicible, dont l'être est de pouvoir être tout ce que l'on veut qu'il soit, ne relevant pas de l'axiome de choix.

Le parfait ajustement de l'être (la particule) à son devenir (son onde pilote), en quoi consiste le déterminisme, est impossible sinon à jauge nulle, ce qui le rend inobservable.

La gravité (le courbe) ne peut être externalisée ou s'exercer à vide, car elle n'est définie que par rapport aux forces électriques (le droit) qui à leur tour sont définies par elle. Le graviton, le boson et le fermion ne peuvent coexister analytiquement, car $\mathbb{R}^{\mathbb{R}^{\mathbb{R}}}$ n'est pas séparable. Le « fixe » et le « mobile » ne peuvent être observés indépendamment et *simultanément* par un repère tiers du fait de l'impossibilité d'une mise en relation analytique tri-unitaire 1-1-1, séparation de séparation, de cardinal $\aleph_S^{\aleph_S} = 2^{\aleph_S} = \aleph_\beta$, ce qui fait du paradoxe des jumeaux de Langevin un sophisme car les deux jumeaux sont indiscernables (à l'instar des Dioscures Castor et Pollux, ils ne peuvent jamais se voir l'un l'autre). Cela ne signifie rien d'autre que deux séparations (ou mesures) concomitantes sont inséparables et donc impossibles. Autre façon de dire qu'on ne peut mettre en relation *simultanée* le passé, le présent et l'avenir : les cônes de lumière du futur et du passé ne peuvent être opposés par un sommet commun. Chrysippe, philosophe stoïcien, l'avait déjà pressenti il y a 2200 ans.

La vision électromagnétique (ou optique) consiste à mesurer le droit par référence au courbe et repose sur la relation boson-fermion, à l'origine des ondes électromagnétiques relevant de symétries locales. La vision « gravitationnelle », elle, consiste à mesurer le courbe par référence au droit et repose sur la relation graviton-boson, à l'origine des ondes gravitationnelles relevant de symétries globales (l'orthogonalité y est à π et non à $\pi/2$; dans un cas l'interféromètre « tourne », dans l'autre il est « fixe »). Son *pouvoir de séparation* est plus important que celui de la vision électromagnétique, mais les deux ne sont pas raccordables, sinon par la médiation d'une injustifiable *imagination* : la tri-unité « graviton-boson-fermion » est inséparable, de même que la trilogie aristotélicienne « entendement-imagination-sensibilité ». Dit autrement, les relations binaires sensibilité-imagination (constitutives de la *représentation* et du mental) et imagination-entendement (constitutives de la *schématisation* et de l'intellect), qui relèvent toutes deux du séparable, ne peuvent être elles-mêmes mises en relation binaire séparable car

$$\aleph_S^{\aleph_S} = \aleph_\beta$$

L'inséparabilité de la représentation et de la schématisation, dont le jeu est subtilement analysé dans le *Yi Jing, le Livre des Mutations* de la philosophie chinoise, rend impossible la mise en relation 1-1 du « physique » et du « psychique », sur laquelle repose le positivisme machien. La justice platonicienne, « tierce fonction » intermédiaire censée harmoniser raison et désir, est un irrationnel : $\frac{a}{b} = \frac{b}{c} \Rightarrow b = \sqrt{ac}$. Hécate, intercesseur entre Zeus, dieu du monde ordonné, et les hommes, est imprévisible.

« l'intervention d'un troisième être est nécessaire pour instituer, à défaut d'action réciproque, du moins une correspondance et une harmonie entre les deux autres »
(Kant, 1ère édition de la Critique de la raison pure, IV, 244, 1781)

Les bosons médiateurs d'interaction de la physique moderne sont des avatars de la « connaissance par le cœur » de la gnoséologie du penseur chiite iranien Mollâ Sadrâ (XVIIème siècle) et de l' « imagination productive » de l'analytique transcendantale kantienne.

La physique relativiste (positionnement) correspond à l'espace-temps *mort* continu et dispersif de la cosmologie, considéré indépendamment de la mesure tandis que la physique quantique (degrés de liberté) correspond au temps *vivant*, dénombrable, de la mesure considérée indépendamment de l'espace-temps. A l'instar du continu et du dénombrable, l'une n'existe que par l'autre, elles se cofondent.

L'homme insaisissable et immesurable est le « référentiel privilégié », dépositaire des « variables cachées » spatio-temporelles de la physique relativiste et des opérateurs de création et d'annihilation ou degrés de liberté de la physique quantique.

« Protagoras d'Abdère a proclamé que l'homme est la mesure de toutes choses, pour celles qui sont, de leur existence ; pour celles qui ne sont pas, de leur non-existence. »
(Sextus Empiricus, « Contre les professeurs », vers 200)

La « pichenette initiale » du big bang, les « sauts quantiques » de la théorie quantique des champs, les « mutations » de la génétique traduisent l'irréductible arbitraire auquel doit recourir tout scientifique, faisant intervenir l'aléa (le jeu de dés) pour initier ou boucher les trous de sa démarche.

La raison impuissante, confrontée à ses limites, ne peut que s'en remettre à lui, ou à son avatar la divination :

« Aborde donc la divination, comme le voulait Socrate, sur les seuls sujets où l'incertitude porte entièrement sur l'issue, et où ni le raisonnement ni aucun autre procédé ne donne de ressources pour découvrir ce qu'on veut savoir ; »

(Epictète, Manuel, XXXII (3), vers 125)

Dieu, lui, ne joue pas aux dés car, contrairement au scientifique, il n'est pas tributaire de l'axiome de choix.

Et le disciple devenu maître de s'interroger :

« Enfin, si toujours tous les mouvements sont liés,
et si toujours d'un mouvement ancien naît un mouvement nouveau, selon un ordre déterminé,
si, par la déclinaison (clinamen), les corps premiers ne prennent pas l'initiative
d'un mouvement qui brise les pactes du destin,
pour empêcher que depuis l'infini la cause ne suive la cause,
d'où vient, libre, qu'ont les vivants à travers la terre,
d'où vient, dis-je, cette puissance arrachée aux destins,
grâce à laquelle nous allons où nous conduit la volonté,

et comme eux nous déclinons nos mouvements, à un moment non déterminé,
en un lieu non déterminé, mais là où nous porte l'esprit lui-même. »

(Lucrèce, La Nature des choses, Chant II, vers 40 av. JC)

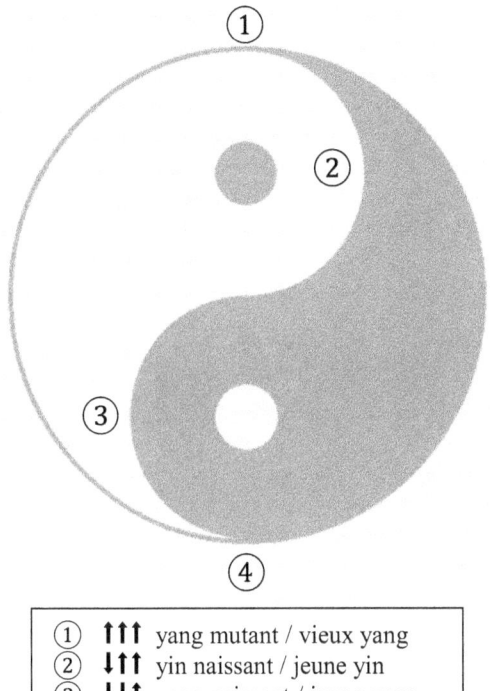

① ↑↑↑ yang mutant / vieux yang
② ↓↑↑ yin naissant / jeune yin
③ ↓↓↑ yang naissant / jeune yang
④ ↓↓↓ yin mutant / vieux yin

Dialectique de l'inséparabilité

Non-séparabilité (dessin de l'auteur)

Annexe 11.
Boucles, entrelacs et nœuds

Les variétés de Calabi-Yau résultent de la complexification de groupes de Lie semi-simples compacts, à coefficients de structure réels, et possèdent localement une métrique riemannienne réelle et globalement une structure symplectique de 3-variété complexe.

Ci-dessous quelques représentations tri dimensionnelles de ces « décompressions nodales » du point :

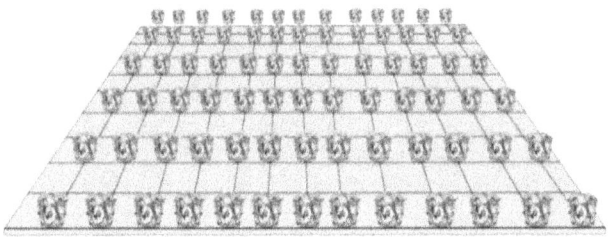

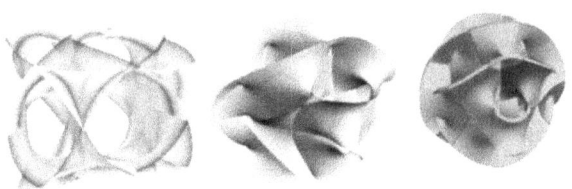

Les variétés *toriques* peuvent être représentées comme des entrelacements de boucles toriques à « topologie en bretzel ».

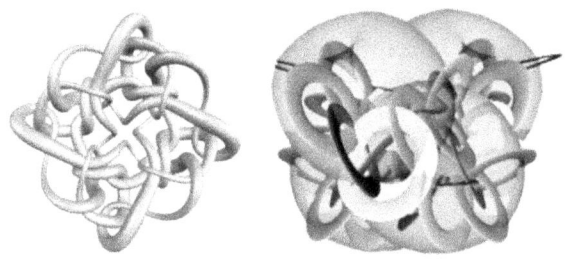

Les relations 1-1 et l'algèbre des vertex peuvent être formalisées par un réseau de spins

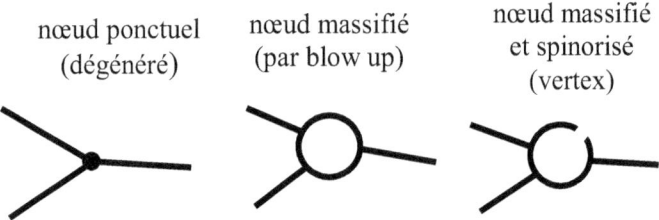

nœud ponctuel (dégénéré) nœud massifié (par blow up) nœud massifié et spinorisé (vertex)

ou encore un entrelacs de boucles (ou « cordes » dans les théories éponymes) et différents types de nœuds qu'elles forment entre elles, *plongés* dans une 3-surface à structure *analytique* (qui fait office d'espace de plongement), ce qui permet de dériver (fabriquer) l'espace à partir de la vision du monde qui le sous-tend et aboutir à une relativité généralisée, apparemment affranchie d'un recours à un espace de plongement.

Mais cet affranchissement n'est qu'apparent, car il requiert préalablement la « purification » (κάθαρσις) analytique, dissociation du concret qui transforme la parole en discours, avant de parvenir à la pensée intégrale (νόησις plotinienne).

« Car, pour exprimer quelque chose, la raison discursive est obligée d'aller d'une partie à l'autre, de parcourir successivement les différents éléments de l'objet; or, qu'y a-t-il à parcourir successivement dans ce qui est absolument simple ? »
(Plotin, 5ème Ennéade, 3, 17, vers 270)

C'est la démarche mise en œuvre dans les diagrammes de Feynman, mais ceux-ci restent *flottants* tant qu'ils ne sont pas *arbitrairement situés*.

« Il y a chez les hommes quelque chose qui nous apparaît spécialement comme libre, arbitraire et pouvant être soumis au calcul : c'est un voile léger qui flotte comme un souffle, comme un brouillard, et nous cache l'automatisme »
(Ernst Mach, La connaissance et l'erreur, chapitre II, 1905)

Une telle «mise en situation » requiert une fixation ou « arrêt sur image », isolement autiste et énergivore à la base de l'ordinateur quantique, de la téléportation et de la cryptographie quantiques ainsi que du clonage biologique (où l'ADN fait office d'état quantique). Mais la téléportation d'un état quantique détruit irrémédiablement l'original. Ce qui rend sophistique le concept même d'identité : identique à quoi ? Un clone n'est pas une « copie conforme » et le vivant n'est pas réductible à un ADN.

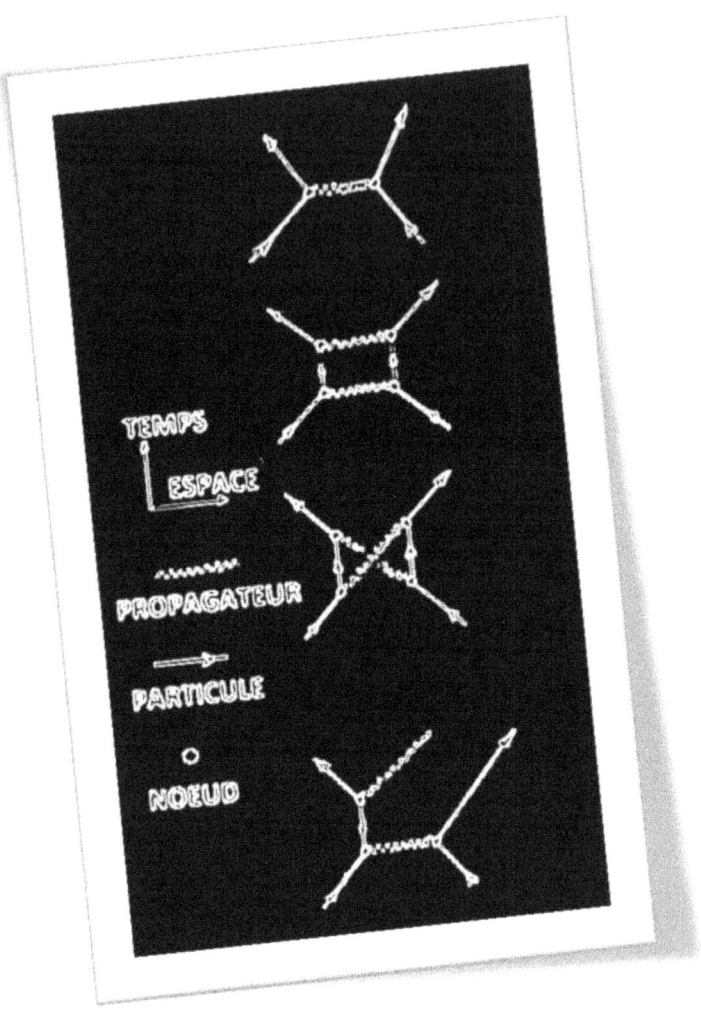

Diagrammes de Feynman représentant l'interaction de deux particules, jeu de l'essence et de l'existence séparées par l'axiome de choix

Annexe 12.
Paradoxes

L'expérience de pensée suivante met en évidence le type de paradoxe induit par l'asymétrie temporelle :

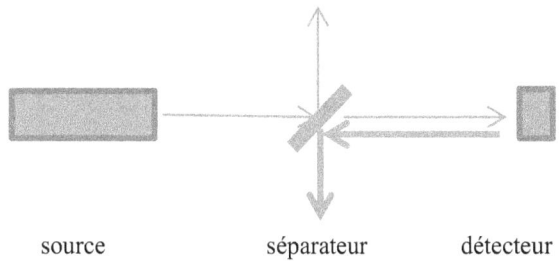

source   séparateur   détecteur

Des « photons » émis par une source sont détectés par un détecteur après passage par un séparateur incliné à 45°.

L'application des règles quantiques donne une probabilité de 50% de transmission par le séparateur et donc de détection par le détecteur. Si l'on applique ces règles en inversant le sens du temps, la probabilité du photon détecté de provenir de la source n'est que de 50%, les autres 50% provenant du « plancher ». Ce paradoxe vient de la représentation du futur et du passé dans un *même* espace.

Un autre paradoxe apparaît lorsqu'on introduit ou non un détecteur en C, sur l'un des deux chemins d'un interféromètre de Mach-Zehnder, à double séparateur (voir figure ci-après).

En l'absence de détecteur en C, seul le détecteur X peut détecter un photon émis par la source A ; le détecteur Y a une probabilité 0 de détection. En présence d'un détecteur en C, celui-ci a une probabilité de 50% de détecter un photon émis par la source A et les détecteurs X et Y chacun une probabilité de 25%.

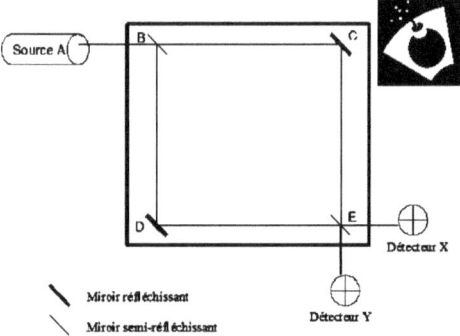

Il semble donc que le simple fait d'introduire un détecteur en C *modifie* le résultat de la mesure. En fait, le double séparateur suppose une mesure à *deux* degrés de liberté, incompatible avec la présence d'un détecteur « fiable à 100% » sur l'un des chemins, qui réduit la mesure à *un seul* degré de liberté et modifie en conséquence *le phénomène observé*. De la même façon, dans l'expérience des deux fentes d'Young, introduire un détecteur fiable à 100% au niveau de l'une des fentes revient à boucher soit l'une soit l'autre et donc … à faire disparaître le phénomène d'interférences.

Faire une mesure impose de définir *exactement* le dispositif expérimental et *déterminer* ce faisant la fonction d'onde du système: on ne peut mesurer que ce que l'on *veut* mesurer.

Cela revient à *contextualiser* les probabilités de la mécanique quantique et à « contrefactualiser » les évènements, les enserrer dans une relation de fermeture (la somme des probabilités est nécessairement bornée par 1) qui les rend agissants même s'ils ne se produisent pas. Il en résulte un déterminisme par mutilation des degrés de liberté et conformisme à une certaine vision *préjugée* et réductrice du monde. C'est faire de la totalité sphérique un polyèdre à n faces, qui retombe nécessairement sur une de ses faces lorsqu'on le lance en l'air. Le fait de ne pas retomber sur $n - p$ faces du polyèdre entraîne *nécessairement* de retomber sur l'une des p faces restantes. C'est rendre la totalité *séparable*.

Mais la totalité ne peut être séparable, sauf à jauge nulle.

L'évènement contrefactuel est un évènement à jauge nulle, un évènement-fantôme, inobservable. Il repose sur la détection « fiable à 100% », inaccessible à l'expérience. *Sa prise en compte dans les expériences de pensée débouche sur des paradoxes, qui sont autant de sophismes.*

Le « test de la bombe » censé permettre de vérifier la fiabilité d'une bombe à détonateur ultrasensible sans devoir la manipuler fait appel à ce type d'expérience à évènements contrefactuels. Dans ce cas, le détonateur de la bombe fait office de détecteur. Il est supposé non fiable s'il se comporte comme un miroir réfléchissant. La détection d'un photon en Y permet donc de conclure à la fiabilité du détecteur; en revanche, la détection d'un photon en X ne permet pas de conclure. Par itération du processus sur les bombes correspondant à la détection d'un photon en X, il est possible de garantir dans le meilleur des cas (en supposant qu'aucune des bombes « fiables » n'ait explosé) :

$$1/4 + (1/4)^2 + (1/4)^3 + ... = 1/3 \quad \text{des bombes.}$$

Derrière cette expérience de pensée se cache un sophisme : il est nécessaire de supposer, pour la considérer comme un test valable, que la non-fiabilité soit constante, stable : soit le détonateur marche *toujours*, soit il ne marche *jamais*. C'est postuler que sa non fiabilité est ...fiable !

La contrefactualité est un avatar du déterminisme.

Un chat n'est pas un chat

Annexe 13.
Les ensembles de Mandelbrot

Un ensemble de Mandelbrot $\mathfrak{M}$ est défini par une fonction de connexion telle que : $z_n = f(z_{n-1})$, par exemple

$$z_n = (z_{n-1})^2 + K .$$

Il est constitué par l'ensemble des points K du plan complexe permettant la convergence de la fonction de connexion.

L'ex-istence d'un tel ensemble est conditionnée par deux constantes corrélatives :

- une constante de structure fine k correspondant à la finesse de résolution ou de « pixellisation » de $\mathbb{C}$,
- un facteur d'échelle ou de jauge, correspondant à une borne n de convergence.

L'ensemble de Mandelbrot $\mathfrak{M}$ (k, n) possède des caractéristiques « visibles » d'une infinie variété, correspondant au choix de constantes particulières k et n :

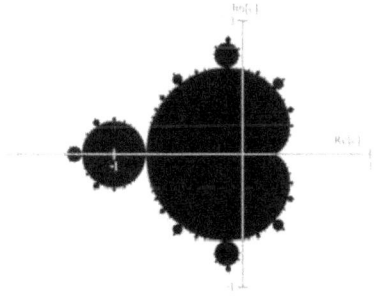

Cet ensemble est rendu connexe par le truchement de la fonction de connexion, bien que cette connexité soit limitée lorsqu'il est rendu observable au moyen d'une jauge non

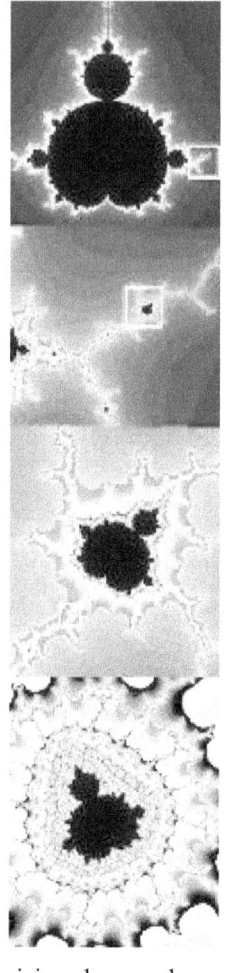

nulle : la connexion devient alors empreinte pixellisée, comme celle des chambres à bulles des physiciens. La disparition de la connexité (déconnexion des pixels) et l'apparition du flou qui en résulte sont la conséquence d'une borne n finie en cas de jauge non nulle. Elles correspondent à la limite de validité d'une théorie. Une reconnexion est effectuée *arbitrairement* par changement des constantes.

Connexion, déconnexion et reconnexion correspondent à la dialectique de dépassement permanent de l'analyse et de la synthèse. Elles nécessitent, pour permettre ce dépassement permanent à jauge *invariante* et non nulle, un espace-temps à la fois en contraction pour permettre l'analyse (maintenir la connexion de pixels de plus en plus petits) et en expansion pour permettre la synthèse unificatrice (permettre de différencier des pixels de plus en plus gros). Expansion et contraction sont corrélatives, elles se co-fondent dans le dépassement dialectique et augmentent le *pouvoir de séparation* d'une vision du monde, garantissant ainsi le « progrès », ou plutôt le développement, de la science.

Elles sont vénérées en la déité de la destruction constructive (Śiva) des penseurs hindouistes, elles sous-tendent la théorie cartésienne de la création continuée et le processus schumpetérien de destruction créatrice en économie.

L'expansion/contraction, vacuité et plénitude inépuisables, permet d'introduire indéfiniment un nombre réel entre deux autres nombres réels et de faire jouer entre eux l'instant et la durée. La coupure de Dedekind et les règles de la tensorialité (voir **page 47**) « phénoménalisent » un univers en constante expansion / contraction accélérée, jeu du droit (la vitesse) et du courbe (l'accélération) séparés par un bord.

Cette phénoménalisation est également à l'origine de l'accrétion et de la dispersion gravitationnelles qui sont à rebours de la dispersion spatio-temporelle correspondant à la croissance de l'entropie : à entropie croissante, un gaz se disperse, tandis que des corps massifs se condensent jusqu'à former un « trou noir », obscurité née de l'ignorance, qui censure une singularité marquant la limite de validité de la théorie. Une faible entropie (borne n faible) est corrélative de concentration pour les gaz (vision à petits pixels) et de dispersion pour la matière (vision à gros pixels); une forte entropie (borne n élevée) est corrélative de dispersion pour les gaz et de concentration pour la matière. Gaz et matière sont corrélatifs. L'état intermédiaire, le plasma, s'effondre dès qu'il entre en contact avec un bord, à l'instar d'un collage hausdorffien.

L'expansion de l'univers correspond à la matière blanche du futur (force de gravité attractive), sa contraction à la matière noire du passé (force de gravité répulsive). Expansion et contraction sont corrélatives et se co-fondent : elles permettent la définition de la *constance, du zéro* qui est brisure d'affinité.

Leur invariant ou essence est la *stabilité,* la στάσις d'où sont sorties la πίστις (foi) et l'ἐπιστήμη (science).

Tétragramme de l'indicible

« ἐγώ εἰμι ὁ ὤν : je suis celui qui suis »
(Exode 3-14, vers VIIème siècle avant JC ?)

Annexe 14.
Le jeu du hasard et de la nécessité

La fonction zêta de Riemann est définie par la somme infinie

$$\zeta(z) = 1^{-z} + 2^{-z} + 3^{-z} + 4^{-z} + 5^{-z} + ...$$

Pour $\mathcal{R}(z) > 1$ cette fonction converge vers une fonction holomorphe prolongeable analytiquement sur l'ensemble du plan complexe *hormis* le point $z = 1$. La nouvelle fonction $\zeta(s)$ ainsi définie l'est de manière unique et univaluée.

En admettant la validité de la conjecture de Riemann, les valeurs de $s \in \mathbb{C}$ qui annulent cette fonction zêta ainsi prolongée analytiquement sont en nombre infini sans doute dénombrable et se répartissent « en quantités égales » sur deux droites :

- les entiers pairs négatifs sur la droite des réels (zéros triviaux), solutions parfaitement *déterminées* (on sait dire « vraiment » où elles sont) correspondant au nombre transcendant *e* et à la géométrie *ouverte* hyperbolique,

- sur la droite $\mathcal{R}(s) = 1/2$, solutions *non déterminées* (on sait dire «vraisemblablement» où elles sont et les propriétés statistiques de leur répartition font l'objet de nombreuses recherches) correspondant au nombre transcendant π et à la géométrie *fermée* sphérique.

Déterminisme et indéterminisme sont con-jugués (se co-jaugent, c'est-à-dire forment un couple mesurant/mesuré) par la médiation de l'imaginaire pur i : $i^i = e^{-\pi/2}$

La fonction zêta révèle le jeu du hasard et de la nécessité, qui n'ont aucune autonomie, se co-fondent, se définissent l'un par l'autre, par le truchement de notre imagination.

La physique du fermé (celle dont on a chassé l'infini) ne peut faire l'économie du nombre π qui est omniprésent dans ses équations. La physique quantique le retrouve sous la forme $\hbar = h/2\pi$.

Le scientifique, quelle que soit sa discipline, est confronté à un cruel dilemme : soit atteindre une vérité parfaitement déterminée mais dans un monde ouvert et donc hors d'atteinte, soit se contenter d'un monde fermé (sans infinis), mais irréductiblement soumis à l'aléatoire.

Le nombre π issu de la fermeture est l'expression de l'aléatoire. Buffon a montré comment on pouvait le « mesurer » par des expériences fondées sur le hasard : lancer d'aiguilles sur un parquet à lattes de largeur constante, par exemple.

Comme l'a vu Poincaré, le cercle (avatar du nombre π, du compas fermé et du hasard), par lequel l'élément et l'ensemble se co-fondent, est source de paradoxes en mathématiques : il est *inconstructible*. Mais le jeu des nombres π et *e*, du compas fermé et de la règle ouverte, du hasard et de la nécessité, *permet la construction* par l'intermédiaire de l'imaginaire. Jeu du cardinal (*cardo* : le pivot) et de l'ordinal (*ordo* : la règle). La règle est justice, le compas liberté.

Dire que la physique ne peut se passer du nombre π revient à dire que compréhension et explication sont en relation d'indétermination.

Le nombre π est le signifiant mathématique du grain de sable susceptible de détraquer toute mécanique et de bouleverser une destinée.

Remplacer h par $\hbar$ dans une équation n'est pas une simple formalité d'écriture : c'est l'expression de l'incontournable et indépassable jeu du hasard et de la nécessité, du normal et de l'anormal. Omettre ou tronquer π c'est mettre l'essentiel de côté.

> *« Il faut prêter à l'infime la plus grande attention. »*
> *(Tao Te King, Livre de la voie et de la vertu, IVème - IIIème siècle avant J-C ?)*

Mais l'infime, de même que les « situations les plus extrêmes » de Hawking (voir **page 131**), l'*origine* dans laquelle hasard et nécessité se confondent, sont hors de portée de la science.

*Le constructible, jeu du compas fermé et de la règle ouverte,
du hasard et de la nécessité, médiatisés par l'imaginaire*

Annexe 15.
Représentations du monde

Représentation « scientifique » du monde :

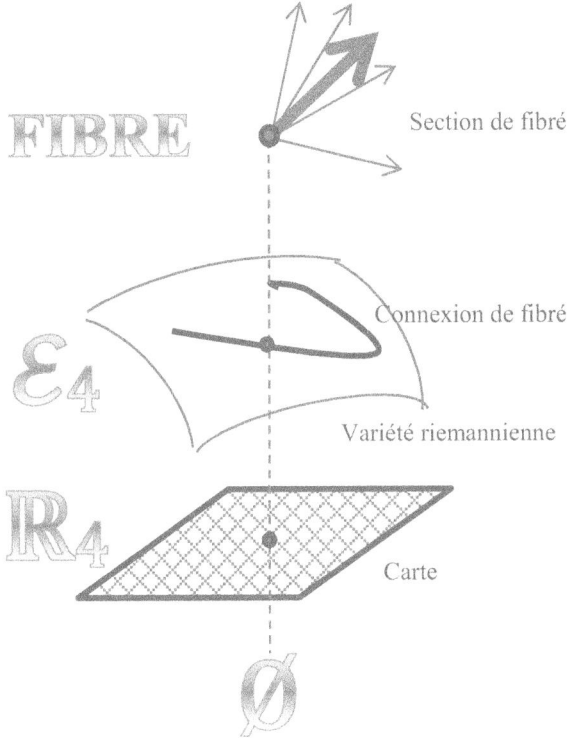

Cette représentation repose sur un collage hausdorffien de cartes qui constitue une variété riemannienne d'espace-temps, base de fibrés connectés par une connexion de jauge locale. Les champs de matière constituent des sections du fibré.

L'ensemble repose sur un espace de plongement qui est le néant.

Représentation « mythique » du monde :

Dans la cosmologie hindoue, un énorme serpent se mordant la queue représente le néant. Il supporte une tortue, représentant la force sans direction par qui le monde est ex-isté, qui supporte à son tour des éléphants, représentant les forces orientées, qui supportent un monde tri-unitaire.

La science met les mythes en équation, mais ne peut s'en affranchir.

L'ultime connexion permise par le néant est indispensable à l'intelligibilité du monde. C'est le « milieu » (zhong) de la pensée chinoise, sans lequel aucune connexion (dao) ne peut être ex-istée.

Kant l'a exprimé à sa façon :

« ... je veux qu'il y ait un Dieu, que mon existence dans ce monde soit encore, en dehors de la connexion naturelle, une existence purement intelligible, enfin que ma durée soit infi-

nie ; j'y tiens fermement et ce sont là des croyances auxquelles je ne puis renoncer ; car c'est le seul cas où mon intérêt, dont il ne m'est permis de rien rabattre, détermine inévitablement mon jugement,.... »
(Critique de la raison pratique, V, 143, 1788)

Un Dieu sans grâce pascalienne, inséparable de l'Homme, dépendant de Lui autant que l'Homme dépend de Lui, rendant le monde intelligible et solidaire, un être totalement transparent dont le seul être est de pouvoir être tout ce qu'on veut qu'il soit, inépuisable « potentiel productif » toujours prêt à être manifesté : le néant, au sein duquel négation et affirmation sont inséparables et se co-fondent.

Spinoza le panthéiste, pour qui Dieu est partout, Leibniz le monadiste, pour qui Dieu n'est nulle part, adoraient le même Dieu : le tout et le point, le nirvāna et le samsāra bouddhistes, se résorbent l'un dans l'autre au sein du néant.

L'Homme est négation, Dieu est affirmation. L'Homme-Dieu n'a pas à choisir : il n'est pas tributaire de l'axiome de choix qui fait de l'appartenance la condition de toute existence.

«Il n'y avait alors ni l'être, ni le non-être,
Ni ciel, ni firmament, ni rien au-delà.
Où reposait tout ce qui est ?
Y avait-il de l'eau abyssale, l'eau sans fond ?
Ni la mort ni la non-mort n'existaient alors.
Point de signe distinguant la nuit du jour.
L'Un respirait sans souffle, mû de lui-même.
Rien d'autre n'existait.
A l'origine les ténèbres recouvraient les ténèbres,
Et tout ce que l'on voyait n'était qu'onde indistincte. »
(Ṛg Veda, X.129, entre 1500 et 900 avant JC)

L'Homme *déconnecté* de Dieu, qu'il soit Homme sans Dieu (athéisme) ou Homme esclave de Dieu (théisme) représente deux formes de nihilisme qui consacrent, l'une autant que l'autre, la primauté de la *force*, vecteur de la chosification, et du *droit* :

> *« Le juste n'est rien d'autre que l'intérêt du plus fort. »*
> *(Platon, dans « La République », V-IVème siècle av. JC)*

> *« Le plus fort n'est jamais assez fort pour être toujours le maître, s'il ne transforme sa force en droit. »*
> *(J.-J. Rousseau, dans « Du contrat social », 1762)*

De même, une physique déconnectée du néant est une physique de *forces droites*, isotropes (gravitaires) permettant de distinguer des forces orientées (électromagnétique, électrofaible, électroforte), qui requiert des masses nulles pour être intelligible. Le boson de Higgs, médiateur de la massification, est recherche de connexion au néant, acquiescement au néant. Il permet de rendre le modèle standard de la physique plus intelligible. Mais l'arbitraire de sa masse rend cette intelligibilité relative : on ne peut attribuer de masse à ce qui donne de la masse, à ce qui est *conscience de* masse.

Styx, fille aînée d'Océan remontant à sa source, garante de la loyauté des dieux olympiens, l'union mystique plotinienne, l'« union hypostatique » des théologiens chrétiens, la conjonction de l'intellect humain avec l' « intelligence agente séparée » des penseurs islamiques, le « samādhi yoga » hindouiste sont des formes de connexion au néant.

L'homme peut se situer de trois manières différentes vis-à-vis du néant :

- il peut l'admettre, en le niant-affirmant,
- il peut le rejeter en le niant sans l'affirmer (« il y a quelque chose »), tendant vers le nihilisme matérialiste,
- il peut le rejeter en l'affirmant sans le nier (« il n'y a rien »), tendant vers le nihilisme idéaliste.

Admettre le néant, c'est reconnaître que toute certitude est im-probable, indémontrable, sinon à jauge nulle, où elle échappe à toute détermination et devient ineffable, inexprimable dans quelque langage que ce soit, tout langage étant autoréférentiel : $\log \emptyset = \emptyset$.

Le verbe (la *haqîqat* islamique), étant à jauge nulle, est vérité car on peut lui donner le sens que l'on veut : à l'instar du point et de la gravité, il n'a pas de sens en lui-même, mais permet le sens. A jauge non nulle, le verbe se fige en dogme (*sharî'at*) et devient modèle. A jauge non nulle, le rien et le quelque chose sont tous deux probables et corrélatifs, séparés par une limite d'épaisseur non nulle. Ce qui est dans l'épaisseur de la limite relève du *contradictoire*, à la racine de l'équivoque, du sophisme et de la « bonne *ou* mauvaise foi ».

La contradiction est inhérente à la condition humaine.

Fermer la porte au néant, c'est l'ouvrir à l'*intégrisme*, qu'il soit scientifique, philosophique ou religieux. C'est *vouloir séparer l'inséparable* en hypostasiant matière et esprit, alors qu'ils n'ont aucune autonomie et se co-fondent, c'est écarteler l'homme entre son corps et son âme. C'est constituer le monde en une « nature » qui obéit à des « lois » et nous les impose.

« La constatation d'une absence de règle n'est, en effet, intéressante ni pratiquement, ni scientifiquement. Le progrès et la lumière ne se manifestent que dans la découverte d'une loi, pour des choses qu'auparavant on croyait dénuées de toute règle. L'hypothèse d'une âme, agissant librement et sans loi, sera toujours difficile à réfuter parce que l'expérience montrera toujours un reste de faits inexpliqués. Mais l'âme libre envisagée comme hypothèse scientifique, et toutes les études faites dans ce sens sont, à mon avis, des absurdités méthodologiques. »
(Ernst Mach, La connaissance et l'erreur, chap. II, 1905)

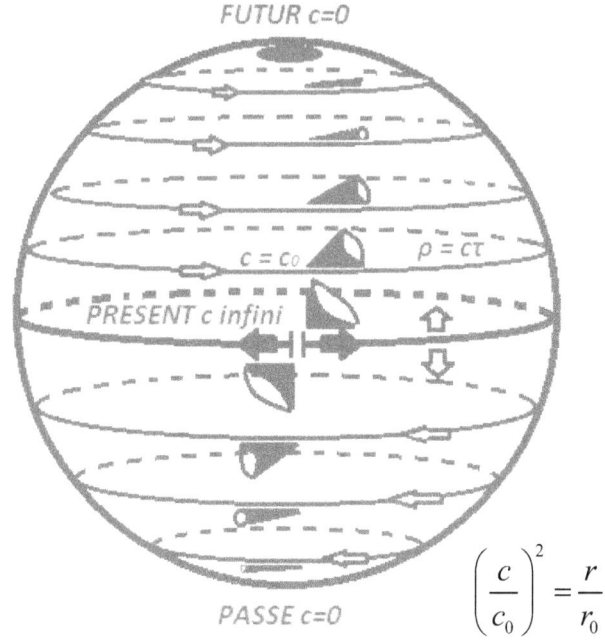

La séparation vue du néant, ou l'espace-temps gödelien

Toutes les horloges y sont synchronisées mais l'invariance de jauge n'est pas respectée : à un présent de tous les possibles, où la vitesse de la lumière est infinie, correspondent un passé et un futur corrélatifs figés, où la vitesse de la lumière s'annule. Les cônes de lumière se referment progressivement, le trou noir bordé par une parallèle correspondant à une vitesse de la lumière relativiste c_0 conventionnelle se résorbe dans le point-singularité de l'avenir ou du passé, où spin et masse se co-fondent. Dans une telle configuration, les géodésiques sont disposées en « fils de quenouille » : quenouille filée par la Parque (Μοῖρα) pour le destin de l'Homme, à qui l'immobilité sur une parallèle ainsi que les accès à l'équateur du présent (où la masse nulle se fond dans le spin infini, devenant lumière) et aux pôles du passé et de l'avenir (où le spin nul se fond dans la masse infinie, devenant obscurité) sont interdits en raison du clinamen ($\hbar$). Spin et masse se co-fondent en physique, tout comme syntaxe (signifiant) et sémantique (signifié) se co-fondent en linguistique. Preuve et vérité sont en relation d'indétermination.

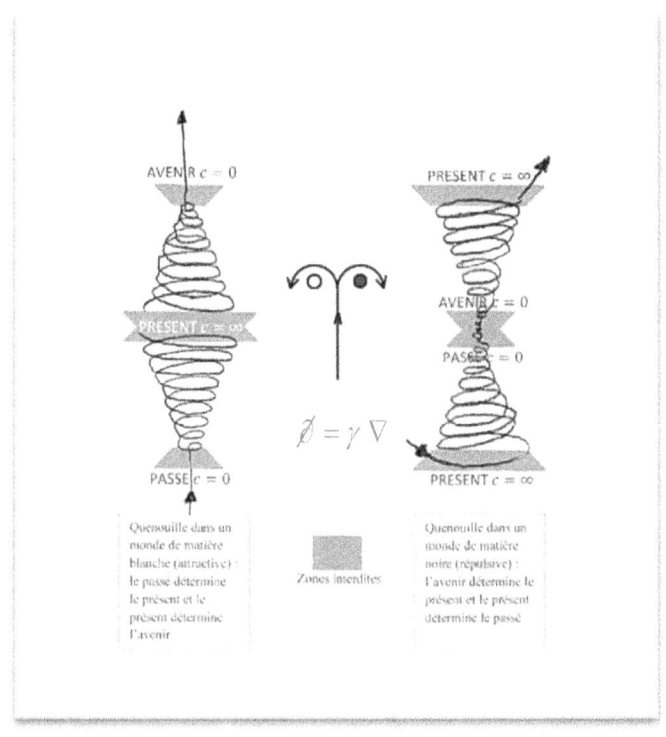

Matière blanche et matière noire, jeu de la translation-identité et de la rotation-altérité, du droit et du courbe (dessin de l'auteur)

« Il y avait encore, assises en rond, toutes trois à égale distance, chacune sur un trône, les filles de la Nécessité, les Parques, tout de blanc vêtues, la tête couronnée de bandelettes : Lachésis, Clôthô, Atropos ; répondant à l'harmonie des Sirènes, elles chantaient, Lachésis le passé, Clôthô le présent, Atropos l'avenir ; en outre, Clôthô, de sa main droite posée dessus, aidait à la révolution circulaire du cercle extérieur du fuseau, en observant des intervalles de temps, autant en faisait de son côté Atropos, avec sa main gauche, pour les cercles intérieurs ; quant à Lachésis, elle contribuait, de l'une et de l'autre main, alternativement imposées, à l'une et l'autre révolution. »

(Platon, La République, Livre X, 617, 380 avant JC)

Table des matières

Avertissement 11

L'être est 13
L'être naît de la négation 13
L'être est contingent et nécessaire 13
Mesure, temps et réflexivité 14
L'espace de représentation 15
Structure de l'espace de représentation 17
L'espace supersymétrique 20
L'espace symétrique 21
Conséquences d'une jauge non nulle 26
Les formes spinorielles 30
Les formes leptoniques et hadroniques 32
L'espace gradué de Fock 33
Les familles spatio-temporelles 39
Le continu 40
L'espace-temps, variété riemannienne réelle, base de fibrés tangents et cotangents 46
L'espace-temps, variété complexe 54
Topologie d'une variété, séparabilité 56
Fibrage des formes temporo-spatialisées 70
Transport parallèle, dérivée covariante et connexion 72
L'espace de configuration 85
Le mouvement, jeu formel du lagrangien et de l'hamiltonien 88
La gravité est courbure 95
L'espace-temps einsteinien de la relativité générale 100
La vision monadique ou le sac de nœuds 104
L'expérience 110
L'entropie, l'asymétrie temporelle et la température 114
L'ensemble de Mandelbrot 122

En résumé 125
Conclusion 129

Annexe 1. Symétries 133
Annexe 2. La censure cosmique 137
Annexe 3. Le modèle standard 139
Annexe 4. Constante de structure fine 145
Annexe 5. Topologie des variétés riemanniennes 149
Annexe 6. Le savoir des savoirs 153
Annexe 7. Le « paradoxe » EPR 159
Annexe 8. Les hyperfonctions 163
Annexe 9. Les trois ek-stases de la temporalité 173
Annexe 10. Onde pilote 179
Annexe 11. Boucles, entrelacs et nœuds 191
Annexe 12. Paradoxes 195
Annexe 13. Les ensembles de Mandelbrot 199
Annexe 14. Le jeu du hasard et de la nécessité 203
Annexe 15. Représentations du monde 207

Merci aux auteurs qui ont alimenté ma réflexion et plus particulièrement :

Anaxagore, Anaximandre, Aristote, Bacon, Bergson, Blofeld (John), Camus, Cheng (Anne), Chrysippe, Cicéron, Corbin (Henry), Démocrite, Descartes, Diogène Laërce, Einstein, Empédocle, Epictète, Epicure, Feynman, Gödel, Gondran (Michel et Alexandre), Hawking, Hegel, Héraclite, Hésiode, Hogdes (Andrew), Hume, Jullien (François), Kant, Kierkegaard, Lambert (Michel), Leibniz, Lénine, Lucien de Samosate, Lucrèce, Mach, Mandelbrot, Marc-Aurèle, Matthieu l'Evangéliste, Nietzsche, Parménide, Pascal, Pasqualini (Gilbert), Penrose, Platon, Plotin, Poggi (Colette), Pythagore, Rovelli (Carlo), Russell, Saint Augustin, Sartre, Sextus Empiricus, Spinoza, Thomas d'Aquin, Turing, Zénon d'Elée.

Merci également à tous mes contradicteurs.

Merci enfin à Baghera, la fidèle et regrettée compagne de mes méditations.

Le vajra, symbole-ustensile associé aux lois de la nature (dharma)

$$\text{les lois de la nature} = \langle \varphi | \varnothing | \varphi \rangle$$
$\langle \varphi | =$ les lois, $\varnothing =$ le néant, $| \varphi \rangle =$ la nature

Post-scriptum

Je viens de relire une dernière fois ce que j'ai écrit avant de le remettre à l'impression : cela me paraît à la fois incompréhensible et évident.

O rationem flagitiosam !

© 2017, Richard Wojnarowski

Editeur: BoD - Books on Demand
12/14 rond-point des Champs Elysées
75008 Paris, France

Impression: BoD - Books on Demand, Norderstedt, Allemagne

ISBN : 978-2-322-08171-4

Dépôt légal : août 2017